STEAM
理念下住宅空间设计

费晓旦 / 王楼天天 ——— 主编

杭州｜浙江工商大学出版社

图书在版编目(CIP)数据

STEAM理念下住宅空间设计 / 费晓旦,王楼天天主编.
—杭州:浙江工商大学出版社,2021.12
ISBN 978-7-5178-4743-4

Ⅰ.①S… Ⅱ.①费… ②王… Ⅲ.①住宅—室内装饰
设计—教材 Ⅳ.①TU241

中国版本图书馆 CIP 数据核字(2021)第239723号

STEAM理念下住宅空间设计
STEAM LINIAN XIA ZHUZHAI KONGJIAN SHEJI
费晓旦　　王楼天天　主编

责任编辑	刘　颖	
封面设计	雅萦斋文化	
责任印制	包建辉	
出版发行	浙江工商大学出版社	
	(杭州市教工路198号　邮政编码310012)	
	(E-mail:zjgsupress@163.com)	
	(网址:http://www.zjgsupress.com)	
	电话:0571-88904980,88831806(传真)	
排　　版	杭州朝曦图文设计有限公司	
印　　刷	杭州高腾印务有限公司	
开　　本	710mm×1000mm　1/16	
印　　张	22.75	
字　　数	382千	
版 印 次	2021年12月第1版　2021年12月第1次印刷	
书　　号	ISBN 978-7-5178-4743-4	
定　　价	78.00元	

编委会

主　编：费晓旦　王楼天天

副主编：郑超艺

编　委：许如彦　王　凯

目　录

项目一

新中式客厅设计

 项目导读

　　此案建筑面积为 136.7m²（如图 1-0-1）。户主是一对 45 岁左右的夫妇。盛先生和妻子既热衷于中国传统文化，又向往现代生活，因此想把居室装修成新中式风格，一切从简，既能透出中式装修的古典韵味，又不显古板，预算在 50 万元左右。

　　盛先生喜欢书法，妻子赵女士对山水画情有独钟，两人平日里都喜欢收集名家墨宝，可考虑用此类作品做装饰物。由于常有人来家中拜访，故夫妻俩希望在客厅安排一块喝茶的区域。在家具选择上，尽量选择红木家具。同时考虑到两人年龄偏大，可铺装地暖。

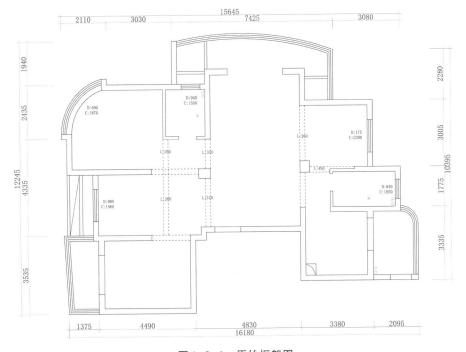

图 1-0-1　原始框架图

⚛ 项目实施

任务一　制作"新中式客厅中的传统文化元素"PPT

一、任务描述

1. 找一找。学生以小组为单位,利用课余时间,通过网络搜索、翻阅书籍、实地调查等多种方式,找一找采用新中式装修风格的客厅中应用了哪些中国传统文化元素。

2. 说一说。以小组为单位制作"新中式客厅中的传统文化元素"PPT,展示本小组找到的传统文化元素,并选取一至二种元素进行详细介绍,内容可以是该元素的发展历史、与该元素有关的历史文化故事、该元素所蕴含的传统思想、该元素的文化寓意等。

二、任务目标

1. 学生通过多种渠道的查阅和搜集,能够知道应用在新中式客厅中的传统文化元素。

2. 学生通过了解中国传统文化元素的背景知识,丰富对中国传统文化的认识,感受中国传统文化博大精深、源远流长的特点,增强学生的文化自信。

3. 培养学生的团队协作能力和表达能力。

三、任务学时安排

1课时

四、任务基本程序

1. 分组。按班级学生的能力和特长进行合理分组,每组4~5人,并推选一人担任组长。

2. 明确本次任务的要求。在充分了解和分析本次任务要求的基础上,各小组组内合理分工,搜集、查阅相关资料,并完成本次任务初稿。

3. 制作课件。各小组将搜集的资料进行汇总和筛选,制作课件。

4. 展示交流。各小组在课堂上展示课件,互相查漏补缺、协作学习。

五、任务评价

完成任务后,请结合任务的完成情况进行评价,并填写任务评价表(表1-1-1)。

表1-1-1 任务评价表

单位:分

评分内容	评价关键点	分值	自评分	小组互评	教师评分
课件内容	1. 所找元素准确、数量丰富	20			
	2. 课件中对所选传统文化元素的介绍内容详实	20			
	3. 课件中有学生对传统文化元素的感悟、评价等内容	20			
课件展示	1. 课件制作精美、条理清晰	20			
	2. 展示代表仪态大方、表述清晰	20			
合计		100			

六、知识链接

现代家具大多注重功能性表达,是为大众服务的,往往把降低成本作为一个重要的考虑因素,以便达到经济美观的目的。而新中式家具侧重意境和结构,和西方的理性不同,它将中国传统文化的内涵应用其中,并以独特的结构和工艺来表现。新中式家具已经是相对成熟的家具品类,它区别于完全"东方古老风格"的老式家具,是依托于现代审美的、符合现代人生活方式的主题类型家具。

(一)"中国元素"——传统纹饰

同学们如果仔细观察,会发现在新中式客厅装修风格中,无论是家具上还是各类装饰品上都有许多纹饰图样,但你们知道这些图案的寓意吗?

吉祥图案是我国劳动人民创造的一种美术形式,是中国传统艺术宝库中的一朵奇葩,它源于商周,始于秦汉,发育于唐宋,成熟于明清;它那丰富的内涵,善美的理想正是中华传统文化的象征。

吉祥图案源于吉祥观念,而吉祥观念的产生可一直上溯至原始社会的图腾

崇拜。图腾是一个民族的标志,一般代表了宗教的祖先或守护神,以祖灵崇拜为主,兼及生殖崇拜。吉祥图案有龙纹(如二龙戏珠)、凤纹(如鸣凤朝阳)、龙凤呈祥、句芒、鞭春(如春牛图)、虎纹、犬纹、龟纹、蛇纹、鱼纹及葫芦纹、莲花纹(两者皆喻生命本源)、石榴纹、葡萄纹、桃纹等,一直被沿用至今(如图1-1-1~图1-1-4)。

图1-1-1　二龙戏珠[1]

图1-1-2　龙凤呈祥[2]

图1-1-3　莲花纹[3]

图1-1-4　石榴纹[4]

中国历代的吉祥纹样,代代相承又代代相异:商周的威仪神秘,秦汉的质朴写实,魏晋的矫健刚劲,隋唐的丰满富丽,宋元的典雅秀丽,明清的纤细巧密,都令人赞叹不已。

吉祥图案表达了中华民族对美好生活的企盼,因而在日常生活中被广泛应用,出现在陶瓷、漆器、建筑画、雕刻、织锦、刺绣、地毯、年画、剪纸、首饰、服装等工

[1]　二龙戏珠.2012-05-11,https://auction.artron.net/paimai-art5017240380。

[2]　龙凤呈祥.2018-11-13,https://class.duitang.com/blog/?id=1017964733。

[3]　莲花纹.2018-12-15,http://www.nipic.com/show/22436154.html。

[4]　石榴纹.2015-11-03,https://sucai.redocn.com/shiliangtu/5246102.html。

艺美术日用品上,在装饰性和实用性方面为其他美术形式所不能比拟(如图1-1-5、如1-1-6)。

图1-1-5　蛇纹香包①

图1-1-6　龙纹服饰②

　　睿智的中国人以丰富的想象力与联想力,先将抽象的概念与一个具体的实物相联系,再将这种实物美化,并与其他吉祥物组合在一起,最后的效果,就是让人们从画面中读出那一抽象的概念。

　　以蝙蝠为例,我们经常在装饰品上看到"五福捧寿"纹样(如图1-1-7),取"蝠"的谐音"福",将"寿"字变形,然后用五只蝙蝠加上"寿桃"组成这一纹样。蝙蝠造型在我国传统装饰艺术中的运用是一大创新,中国人用自己丰富的想象力和大胆的变形手法,把蝙蝠原本丑陋的形象设计得翅卷祥云、风度翩翩。

图1-1-7　五福捧寿③

①　蛇纹香包.2015-05-11,https://sucai.redocn.com/yishuwenhua_4293716.html。
②　龙纹服饰.2017-10-28,http://www.soomal.com/pic/20100071129.show.htm。
③　五福捧寿.2012-11-22,https://sucai.redocn.com/shiliangtu/1488963.html。

(二)"中国元素"——屏风

新中式客厅装修中常常用到屏风,同学们,你们知道屏风的作用吗?

屏风是古时建筑物内部挡风用的家具,所谓"屏其风也"。屏风开始是天子专用,被设计于皇帝宝座后面,被称为"斧扆"(如图1-1-8)。经过漫长的发展,屏风普及到民间,走进寻常百姓家,成为古人室内装饰的重要组成部分。

图1-1-8　皇帝宝座后的斧扆①

屏风一般陈设于室内的显著位置,起到分隔、美化、挡风、协调等作用,融实用性、欣赏性于一体(如图1-1-9)。中国古代的四合院建筑中,大门内外往往会有影壁墙。影壁墙是针对"气"的冲煞而设置的。我国传统建筑学中,无论是河流还是马路,都忌讳直来直去。

图1-1-9　传统屏风②

---

① 皇帝宝座后的斧扆.2017-08-15,https://www.duitang.com/blog/?id=806108057。
② 传统屏风.https://huaban.com/pins/1671988781/。

有了影壁墙,气流就绕着影壁而行,减缓了气流速度,气缓则不散,符合"曲则有情"的原理。故宫中,几乎每一院每一宫都设有影壁墙(如图1-1-10),所不同的只是材质而已,或为砖,或为木,或为玉石。影壁墙使得进来的气流速度减缓,接近人体气血运行速度,让人产生舒适感,对居住者的健康大有裨益。

图1-1-10 故宫影壁墙①

这个原理应用到居室设计中,就体现为屏风的运用了。《史记·孟尝君传》记载:"孟尝君待客坐语,而屏风后常有侍史,主记君所与客语。"可见春秋战国时代的屏风就有屏蔽之功用;而这一时期也正是以"气化论"为核心的中医经典著作《黄帝内经》成书的时期,屏风作为与之同时代的产物,绝对不会忽视"气"的作用。《荀子·大略》则有"天子外屏,请候内屏"的说法。

七、练一练

1. 请寻找其他中国传统文化元素在现代家居中的运用,并说明这些传统文化元素的含义。

任务二 测量、绘制——客厅家具与人体的关系

一、任务描述

1. 此次任务要求学生以小组为单位,通过查阅资料、测量客厅中主要家具的

---

① 传统屏风 .https://huaban.com/pins/1671988781/。

尺寸与人体相关联的尺寸,填写完成客厅家具分析表(表1-2-1),由此分析客厅家具与人体之间的关系。

2. 通过调查、分析,各小组绘制完成表1-2-1中客厅主要家具的三视图及主要家具尺寸与人体尺寸之间的关系图,选派代表进行展示说明。

3. 教师点评,讲解客厅主要家具与人体尺寸之间的关系。

二、任务目标

1. 学生通过多种渠道的查阅和分析,能说出客厅主要家具与人体尺寸之间的关系。

2. 学生能了解客厅主要家具的尺寸并绘制三视图。

3. 培养学生的团队协作能力和表达能力。

三、任务学时安排

4课时

四、任务基本程序

1. 分组。按班级学生的能力和特长进行合理分组,每组4~5人,并推选一人担任组长。

2. 明确本次任务的要求。在充分了解和分析本次任务要求的基础上,各小组组内合理分工,搜集、查阅相关资料,并完成本次任务初稿。

3. 完成作业内容。搜集资料,进行汇总和分析,填写表1-2-1。

表1-2-1　客厅家具分析表

家具类型	家具数值	相关人体数值	具体数值(mm)	绘制
沙发	沙发座高(例)	小腿窝高	400	三视图
	沙发座宽			
	沙发座深			
	沙发扶手高度			
	沙发靠背倾斜度			

续　表

家具类型	家具数值	相关人体数值	具体数值(mm)	绘制
茶几	茶几高度			/
电视柜	电视柜高度			/
家具尺寸与人体尺寸间的关系	茶几与沙发间的最佳距离			关系图
	电视柜与沙发间的最佳距离			关系图

4. 展示交流。各小组在课堂上共同展示交流此次调查结果,互相查漏补缺、协作学习。

五、任务评价

完成任务后,请结合任务的完成情况进行评价,并填写任务评价表(表1-2-2)。

表1-2-2　任务评价表

(单位:分)

评分内容	评价关键点	分值	自评分	小组互评	教师评分
作业内容	1. 完成并正确填写表格中的内容	20			
	2. 三视图绘制完整	20			
	3. 三视图尺寸标注正确、符合标准	20			
	4. 家具尺寸与人体尺寸之间的关系分析到位	20			
作业展示	1. 三视图绘制清晰、精美	10			
	2. 展示代表仪态大方、表述清晰	10			
合计		100			

六、知识链接

人体工程学(Ergonomics)又称为人机工程学、人类工效学,国际工效协会的会章把它定义为"一门研究人在工作环境中的解剖学、生理学、心理学等诸方面因素,研究人—机器—环境系统中相互作用着的各组成部分(效率、健康、安全、舒适等)如何达到最优化的学科"。

室内设计的人体工程学以人为主体,通过研究人体生理、心理特征,研究人与室内环境之间的协调关系,以适应人的身心活动需求,取得最佳使用效能,其目标是安全、健康、高效和舒适。

人体工程学为室内设计提供了大量科学的、量化的设计依据。可以说,目前室内设计所参考的资料、执行的标准,大都来源于人体工程学的研究,它对室内设计的影响广泛而深远。

(一)客厅主要家具的尺寸

家具是为人所使用的,因此它们的形体、尺寸必须以人体尺寸为主要依据。人们在使用家具时,其周围必须留有活动和使用的最小余地。室内空间越小,停留时间越长,对这方面内容的要求也越高。作为室内设计师,只要了解常见的家具尺寸,才能在设计时根据具体情况来选取合适的家具。

客厅具有家庭聚会、会客接待、视听活动等功能,主要有沙发、茶几、电视柜等家具,人的活动较多。因此在设计客厅时,也需要对客厅中的家居动线进行综合考虑(图1-2-1中的红色箭头就是客厅常见的动线)。

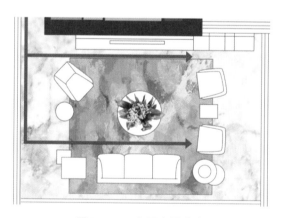

图1-2-1　客厅家居动线

1. 常见沙发尺寸

图1-2-2　中式沙发①

　　沙发的作用是将人体的疲劳感降到最低,使人获得舒适、满意的效果。因此,对于沙发的尺寸等设计都要给予精心的考量。在设计时可以综合使用者的具体情况来考虑。

　　(1)坐高与坐宽

　　椅坐前缘的高度应略小于膝窝到脚跟的垂直距离(如图1-2-3)。沙发的坐高取330~380mm较为合适,坐面宽与人的盆骨宽度有关,并要适当留一部分余量,一般设计的沙发坐宽在430~450mm左右。

图1-2-3　坐高与人体的关系

　　(2)坐深

　　轻便沙发的坐深可为480~500mm;中型沙发坐深为500~530mm比较合适;大型沙发可视室内环境适当放大。

　　(3)坐倾角与椅夹角

　　坐面的后倾角(坐倾角)以及坐面与靠背之间的夹角(椅夹角或靠背夹角)是设计沙发的关键。随着人体休息姿势的改变,坐倾角及椅夹角还有一定的关联

① 一七:中式沙发,2019-02-26,https://huaban.com/pins/2264093315/。

性,椅夹角越大,坐倾角也就越大(如图1-2-4)。一般情况下,在一定范围内,坐倾角越大,休息性越强,但也不是没有限度的,尤其是老年人使用的椅子,倾角不能太大,否则会使老年人在起坐时感到吃力。

通常认为沙发类坐具的坐倾角以4°~7°为宜;椅夹角以106°~112°为宜。

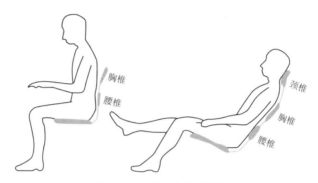

图1-2-4　椅夹角与支撑点

(4)椅曲线

沙发的椅曲线是椅坐面、靠背面与人体接触的支撑曲面(如图1-2-5)。按照人体坐姿的曲线来合理确定和设计沙发的椅曲线,可以使腰部得到充分的支撑,同时也可以减轻肩胛骨的受压。但要注意托腰(腰靠)部的接触面宜宽不宜窄,托腰的高度为185~250mm较合适。一般肩靠处曲率半径为400~500mm,腰靠处曲率半径为300mm,过于弯曲会使人不舒适,易产生疲感。沙发靠背宽一般为350~480mm。

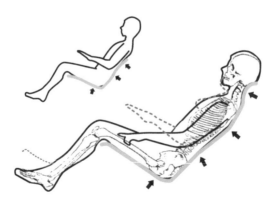

图1-2-5　椅曲线与人体

（5）扶手

沙发常设扶手,可减轻两肩、背部和上肢肌肉的疲劳,获得舒适的休息效果。根据人体自然屈臂的肘高与坐面的距离,扶手的实际高度应在200～250mm(设计时应减去坐面下沉度)为宜。两臂自然屈伸的扶手间距净宽应略大于肩宽,一般应不小于460mm,以520～560mm为适宜,过宽或过窄都会增加肌肉的活动度,产生肩酸疲劳的现象(如图1-2-6)。

扶手也可随坐面与靠背的夹角变化而略有倾斜,有助于提高舒适效果,通常可取10°～20°的角度。扶手外展以小于10°的角度范围为宜。

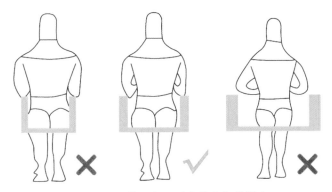

图1-2-6 扶手间距对人体坐姿的影响

（6）两人、三人沙发

两人、三人沙发的尺寸与单人沙发的要求相似,但扶手间距(即坐宽)根据沙发的适用人数略有不同。且男女的肩宽有较大差异,在设计的时候要注意常用的人群。

常见的沙发尺寸如下:单人沙发一般坐宽为480mm左右,坐深为480～600mm,坐高为360～420mm,扶手高小于250mm,靠背夹角在106°～112°,坐倾角在5°～7°。双人沙发与三人沙发坐宽因适用人数不同而变化,分别为1500～1800mm和2130～2440mm,其余数值不变(如图1-2-7—图1-2-10)。

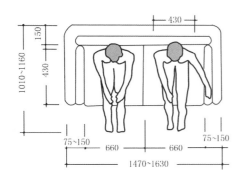

图 1-2-7 两人沙发(女性)①　　　　　图 1-2-8 两人沙发(男性)②

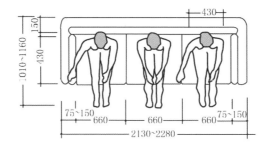

图 1-2-9 三人沙发(女性)③

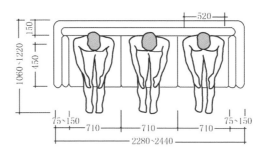

图 1-2-10 三人沙发(男性)④

① 理想·宅:《设计必修课·室内设计与人体工程学》,化学工业出版社 2019 年版。
② 理想·宅:《设计必修课·室内设计与人体工程学》,化学工业出版社 2019 年版。
③ 理想·宅:《设计必修课·室内设计与人体工程学》,化学工业出版社 2019 年版。
④ 理想·宅:《设计必修课·室内设计与人体工程学》,化学工业出版社 2019 年版。

2. 常见茶几尺寸

图 1-2-11　茶几①

　　茶几的高度一般比小腿略高,通常在400mm左右。桌面以略高于沙发的坐垫为宜,最高不要超过沙发扶手的高度(有特殊装饰要求或刻意追求视觉冲突的情况除外)。茶几的长宽比要视沙发围合的区域或房间的长宽比而定。在狭长的空间放置宽大的正方形茶几难免会有过于拥挤的感觉。一般方形茶几的长在600～1200mm之间,宽在380～520mm之间,高在400mm左右。圆形茶几直径一般在80～100mm之间,高在400mm左右。

图 1-2-12　圆形茶几②

3. 常见电视柜尺寸

(1)常见电视柜高度

　　家庭成员在坐着的状态下,视线要能正好落在电视屏幕的中心。因此电视柜的高度需要与沙发高度相对应。一般来讲,电视柜的高度最好在400～600mm之间。

---

① 木迹制品.茶几.2014-04-03,https://www.zcool.com.cn/work/ZMzQ1MDAyMA==.html。
② 木匠活儿.圆形茶几.2016-09-03,https://huaban.com/pins/842108508/。

（2）常见电视柜尺寸

电视柜根据其组合形式可以分为地柜式电视柜和组合式电视柜。

地柜式电视柜是最常用的款式，风格简约，其常用尺寸为：长 800 ~ 2000mm，宽 500 ~ 650mm，高 400 ~ 600mm（如图 1-2-13）。

图 1-2-13　地柜式电视柜①

组合式电视柜可以与客厅中的装饰柜、酒柜等组合，形成视觉焦点，其常用尺寸为：长 2600 ~ 3400mm，宽 500 ~ 650mm，高 1200 ~ 2000mm（如图 1-2-14）。

图 1-2-14　组合式电视柜②

① 公子绵：地柜式电视柜 .2017-09-08，https://huaban.com/pins/1308947243/。

② 志趣家：组合式电视柜 .https://img.alicdn.com/imgextra/i4/3892562481/O1CN013xZ7m91UCL D5x3sOx_!!3892562481.jpg.2019.11。

(二)客厅活动中的人体尺寸关系

人在客厅中的活动可以分为通行、拿取、视听三种场景,要按照实际需求进行尺寸设计。

1. 通行距离尺寸关系

家具的位置要给人留下充足的活动空间,行走时可以轻松通过才符合设计的原则。沙发与茶几之间应留760～910mm的距离,供人通过(如图1-2-15)。

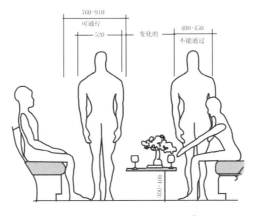

图1-2-15　沙发间距(1)[1]

沙发左右可留出400～600mm的距离,来摆放边桌或绿植(如图1-2-16)。

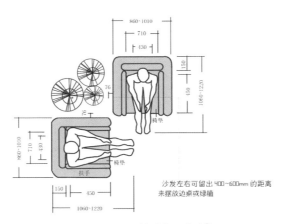

图1-2-16　沙发间距(2)[2]

---

[1] 理想·宅:《设计必修课·室内设计与人体工程学》,化学工业出版社2019年版。
[2] 理想·宅:《设计必修课·室内设计与人体工程学》,化学工业出版社2019年版。

2. 拿取距离尺寸关系

茶歇区的沙发与茶几主要用于日常待客,由于会有日常饮茶、交流等活动,所以在设计时,对于泡茶、拿取等需预留一定空间(如图1-2-17)。当正坐时,沙发与茶几之间的间距可以取300mm,但通常以400～450mm为最佳标准。

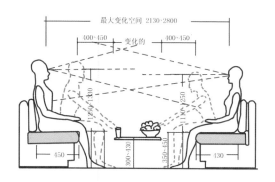

当正坐时,沙发与茶几之间的间距可以取300mm,但通常以400～450mm为最佳标准

图1-2-17 茶歇区间距①

3. 视听距离尺寸关系

看电视时,离得太近或太远都容易造成视觉疲劳。为保证良好的视听效果,沙发与电视的间距应根据电视的种类和屏幕尺寸来确定。一般来说电视机应安装在距地面1000～1200mm的墙面,与人在坐下时的视平线齐平。座位与电视距离1500～2100mm是最佳观看距离,既不会过度用眼,同时也能保证看电视时的观感(如图1-2-18)。

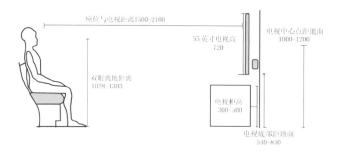

图1-2-18 视听距离尺寸②

---

① 理想·宅:《设计必修课·室内设计与人体工程学》,化学工业出版社2019年版。
② 理想·宅:《设计必修课·室内设计与人体工程学》,化学工业出版社2019年版。

七、练一练

在项目导读中,本次的任务对象为年龄较大的夫妻,因此电视和座位之间的间距要稍微小一些,以保证能看清电视画面。通常可以根据客厅的大小,按照视听距离通过公式来确定该选择的电视尺寸:

最大电视高度＝观看距离÷3

最小电视高度＝观看距离÷6

但是随着科技的快速发展,现在已进入电视分辨率1080P、2K、4K的高清时代,因而在选择时也要与时俱进,可依靠新的公式计算:

最大电视高度＝观看距离÷1.5

最小电视高度＝观看距离÷3

1. 请根据新的公式绘制视听距离尺寸关系图。

2. 运用所学知识,为项目导读中的这对夫妇规划沙发、茶几、电视柜等主要家具的尺寸及客厅的家具布局。

任务三 绘制客厅平面布置图、立面图

一、任务描述

1. 此次任务要求学生以小组为单位,分析项目原始框架图,依据客厅常见布局形式、常见家具尺寸等知识,结合业主设计需求,对案例户型的客厅区域进行合理的布局设计。

2. 在确定客厅布局设计方案的基础上,小组分工绘制客厅平面布置图,并选取一个立面绘制一张客厅的立面图。各小组展示,说明设计思路,分享设计方案。

3. 教师点评,讲解客厅布局设计与绘制相关图纸的注意事项。

二、任务目标

1. 学生能灵活运用客厅功能区域、客厅常见布局形式以及常见家具尺寸等知识,对客厅进行合理布局设计。

2. 学生所绘制平面布置图与立面图数据合理,符合人体工程学知识,准确表达设计方案。

3. 在展示过程中,学生能运用专业术语准确表达方案。

4. 通过项目任务提高学生分析问题的能力,培养学生团结协作精神,让学生互相帮助,共同完成任务,达成目标。

三、任务学时安排

4课时

四、任务基本程序

1. 分组。按班级学生的能力和特长进行合理分组,每组4~5人,并推选一人担任组长。

2. 明确本次任务的要求。在充分了解和分析本次任务要求的基础上,各小组组内合理分工,搜集、查阅相关资料,并完成本次任务初稿。

3. 绘制图纸。各小组确定客厅布局设计方案,绘制相应图纸。

4. 展示交流。各小组在课堂上展示设计思路与设计方案,互相查漏补缺、协作学习。

五、任务评价

完成任务后,请结合任务的完成情况进行评价,并填写任务评价表(表1-3-1)。

表1-3-1　任务评价表

(单位:分)

评分内容	评价关键点	分值	自评分	小组互评	教师评分
客厅布局设计方案	1. 客厅空间布局合理	20			
	2. 能结合人体工程学知识合理布置家具	20			
	3. 设计风格和设计方案符合业主要求	10			
图纸绘制	1. 视图的投影关系准确	10			

评分内容	评价关键点	分值	自评分	小组互评	教师评分
图纸绘制	2. 尺寸标注准确,文字标注完整	10			
	3. 图纸能正确表达设计方案	30			
合计		100			

六、知识链接

(一)客厅的功能分区

客厅是家庭活动的核心区域,其主要功能有团聚、会客、休闲娱乐等,也可以兼具用餐、睡眠、学习等其他功能,但需要有一定的区分。客厅的主要活动内容包括家庭团聚、视听活动(看电视、听音乐等)、会客接待等。

1. 家庭团聚

客厅首先是家庭成员团聚交流的场所,这时客厅的主要功能往往通过家具来构成一个区域,该区域一般处于客厅中心。

2. 会客接待

现代的会客空间位置比较随意,往往和家庭聚谈空间合并设置,有时也会开辟一片小空间单独设置。

3. 视听活动

现代的视听装置一般包括电视、音响等,根据消费人群的不同,也会有投影设备、VR等。视觉设备要避免反光和逆光的影响。听觉设备的使用感受则取决于设备的质量、位置以及人的听觉系统。

(二)客厅家具的布局

1. 客厅沙发的布局方式

沙发的区域是客厅的核心,也是客厅中流线最复杂的区域。根据沙发和茶几的位置不同又可分为四种布置形式。

(1)面对面型布局方式(如图1-3-1):适用于各种面积的客厅,可随着客厅大小变换沙发和茶几的尺寸,这种形式的布局灵活性大,适用于会客接待,但视听活动时较不方便,需要人扭动头部来观看,影响观感。

（2）U型布局方式（如图1-3-2）：适用于大面积的客厅，既可以营造家庭活动中融洽的氛围，在视听活动时，又不会影响人的观感。

图1-3-1　面对面型布局①　　　　　　　　　图1-3-2　U型布局②

（3）一字型布局方式（如图1-3-3）：适用于小户型的客厅，小巧舒适，整体使用的元素较为简单。

（4）L型布局方式（如图1-3-4）：L型布局方式在客厅布局中最为常见，既可以采用L型的沙发组，也可以用"3+2"或"3+1"的沙发组合。

图1-3-3　一字型布局③　　　　　　　　　图1-3-4　L型布局④

---

① 面对面型布局.2018-12-29,https://baijiahao.baidu.com/s?id=1621146680571025345&wfr=spi-der&for=-pc/。

② U型布局.https://www.zhuangyi.com/xiaoguotu/p56440.html/。

③ 一字型布局.https://tuku.jia.com/photo/picid-906571.html。

④ L型布局.2018-12-29,https://baijiahao.baidu.com/s?id=1621146680571025345&wfr=spider&for=pc/。

2. 电视柜常见类型

地柜式电视柜(如图1-3-5):最常见也最百搭的电视柜款式,简约不占地。无论是放在客厅还是卧室,地柜式电视柜都能起到不错的装饰效果。

图1-3-5 地柜式电视柜[①]

组合式电视柜(如图1-3-6):地柜式电视柜的升级版,可以和酒柜、装饰柜、书桌柜等家具组合在一起,独特又实用,很容易成为客厅的视觉焦点。

图1-3-6 组合式电视柜[②]

板架式电视柜(如图1-3-7):与组合式电视柜相似,最大的特点在于多采用搁板设计,装饰性和家居时尚感更强。

---

① 地柜式电视柜.https://home.fang.com/album/p28665824_3_203_24/。
② 组合式电视柜.http://guannlidoc.tuxi.com.cn/viewq-2632198302064-46248.html/。

图 1-3-7　板架式电视柜①

(三)客厅的设计原则

客厅是住宅空间的核心区域,面积大,使用频率高,空间开放,它的风格基调往往是家居格调的主脉,把握着整个居室的风格。因此确定好客厅的装修风格十分重要。

客厅需注重实用性,即根据自己的需要进行合理的功能分区。客厅的区域划分有"硬区分"和"软区分"两种办法。硬区分是把空间分成相对封闭的几个区域来实现不同的功能,主要是通过隔断、家具的设置等(如图 1-3-8)。软区分是用"暗示法"塑造空间,利用不同的装饰材料、装饰手法、特色家具、灯光造型等来划分,比如通过吊顶从上部空间将会客区与就餐区划分开来(如图 1-3-9)。

客厅在功能上是家居生活的中心地带,在交通上则是住宅交通体系的枢纽。客厅常和餐厅、过道以及各房间相连,在布局阶段一定要注意对室内动线即人在居室内行走路线的研究,要避免斜穿,避免室内交通路线太长(如图 1-3-10)。

客厅区域要保持良好的室内环境,除视觉美观以外,还要保证居室空气流通。在室内布局设计中,例如家具布置、隔断、屏风设置,应考虑它的尺寸和位置,以不影响空气的流通为原则。

---

① 板架式电视柜.2018-01-22,https://www.sohu.com/a/218238290_652382/。

图 1-3-8 客厅划分—硬区分①

图 1-3-9 客厅划分—软区分②

图 1-3-10 客厅交通路线示意图③

图 1-3-11 客厅效果图④

（四）客厅布局设计

客厅的设计应注重室内和室外的连接，可以充分利用阳台和大面积的窗户，通过造型和材料的变化和延伸，将客厅与阳台融为一个整体。以本案为例，结合业主的设计需要，客厅需具有会客功能，并且具备一块喝茶区域。故本案可以将阳台与客厅融合一体，再通过新砌墙体，将客厅区域进行围合，形成一个相对完整的空间。如图 1-3-12 所示，红线框区域内为原始客厅区域，面积为 18.8m²，将客厅延伸至阳台后，面积增加至 24.8m²。

① 客厅划分-硬区分 .2014-12-15, https://yihuayuanhh.fang.com/bbs/2810590182 ~ -1/62988079 39_629880739.htm?viewUserId=25984074/。

② 客厅划分-软区分 .2019-10-13, https://www.kujiale.com/design/3FO4K3JTA1FR#room-ket-ing?kpm=9V8.18b2c489779db74e.eecdafe.1580914116970/。

③ 客厅交通路线示意图 .2014-08-17, http://designer.jiaju.sina.com.cn/tupian/563010.html/。

④ 客厅效果图 .2019-11-20, https://www.kujiale.com/design/3FO4K43AL1I3#room-keting?kpm= 9V8.18b2c489779db74e.829937a.1580914116970/。

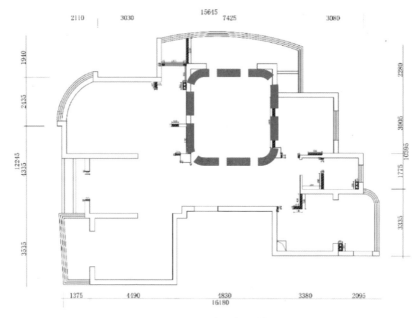

图1 3-12　客厅新砌墙图

1. 绘制客厅平面布置图。

根据客户需求,我们选择了可供收纳用的橱柜,以满足客户储物的需求。同时,在布局中选择了沙发组合、茶几、电视柜这些常见家具。

接下来,我将根据平面布置图进行详细介绍。如图1-3-13所示,可放置一组"3+1+1"的沙发组合,三人座沙发尺寸为2200*852mm,单人座沙发尺寸为852*852mm,茶几尺寸为1171*798mm,并且两侧都设置了尺寸为586*586mm的角几。在布局形式上,沙发组合和茶几采用了半包围式的布局方式,属于集中型。在本案例中我们选取尺寸为1900*300mm的电视柜,并将其靠墙放置。如此布局,可留出1750mm的过道,大于600mm的单人通行距离。结合任务二"人体工程学"知识,这个距离足够让两人并行通过,满足过道通行距离的要求。此外,根据业主对客厅功能的需要,在阳台上放置了一对桌椅,在阳台上品茶成为客厅休闲功能的延伸。

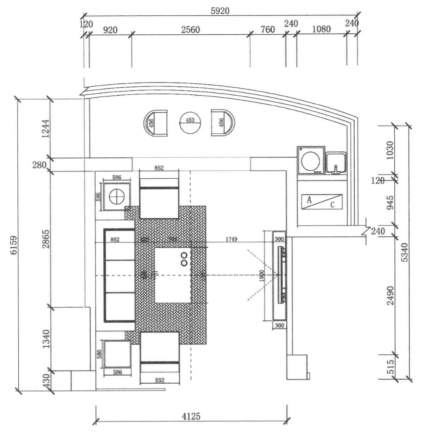

图 1-3-13　客厅平面布置图

2. 绘制客厅立面图

我们以客厅的主题墙即电视机背景墙为例。这套户型的原始层高为2840mm,吊顶高度为310mm,地面铺装高度为50mm,剩下的层高为2480mm。如业主需铺装地暖,地面铺装高度还需抬高。新中式风格讲究总体布局对称均衡、端正稳健,而在装饰细节上崇尚自然简约。因此在设计电视机背景墙时,可做对称设计,并选用实木等装饰材料,做简洁造型,突出新中式的装修风格,如图1-3-14所示。

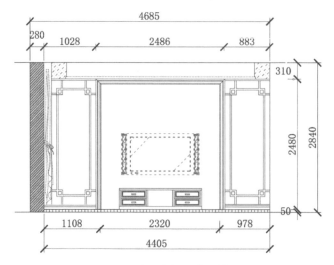

图1-3-14 客厅电视机背景墙立面图

七、练一练

1. 客厅中的沙发和茶几摆设的主要方式有哪些？分别适合哪些户型？

2. 客厅空间区域中新中式设计风格常见的家具和隔断形式有哪些？如何合理布置？

3. 在绘制平面布置图与立面图时需要注意哪些客厅设计原则？

4. 尝试画一画客厅的地面铺装图与顶棚装饰图。

任务四　制作客厅装饰材料分析表

一、任务描述

1. 此次任务要求学生以小组为单位，根据任务三中完成的平面布置图、立面图，结合客户需求，分析客厅装修所需的装饰材料。

2. 各小组通过网络搜索、市场调研等方式，了解客厅常见装饰材料的特性，采集客厅常见的装饰材料信息，比较同类型材料之间的优缺点，完成材料分析表（表1-4-1），确定选材，展示成果。

表1-4-1　材料分析表

评价项 区域分布	材料名称	吸水率	防滑性	光泽度	耐脏性	耐磨性	平整度	规格	价位	是否合适
客厅地面	抛光砖									
	玻化砖									
	釉面砖									
	仿古砖									
	材料名称	优点				缺点				是否合适
客厅顶面	木龙骨									
	轻钢龙骨									
	石膏板									
	硅酸钙板									
	木质线角									
	石膏线角									
	材料名称	环保性	价格	普及率	施工难易	施工周期	对墙的保护	保养		是否合适
客厅墙面	低档水溶涂料									
	乳胶漆									
	多彩涂料									
	墙布									
	墙纸									

3. 教师检验成果并点评,指出不足之处。

二、任务目标

1. 能依据任务三完成的平面布置图、立面图,结合客厅常见材料的特性,确定客厅各区域所需的装饰材料。

2. 以网络搜索、市场调研等形式展开资料搜集,通过数据调查分析,比较各材料的优缺点,完成制作材料分析表。

3. 通过小组合作,互帮互助,共同完成任务,培养团结协作精神。

4. 通过自主学习,培养学生自主探究和分析问题的能力。

三、任务学时安排

4课时

四、任务基本程序

1. 分组。按班级学生的能力和特长进行合理分组,每组4~5人,并推选一人担任组长。

2. 明确本次任务的要求。在充分了解和分析本次任务要求的基础上,各小组组内合理分工,搜集、查阅相关资料,完成材料信息采集。

3. 分析各装饰材料属性、功能、价格等方面的优缺点,与同类型材料做比较,完成制作材料分析表,得出结论。

4. 汇报展示。各小组在课堂上汇报所搜集的材料,展示分析成果。

五、任务评价

完成任务后,请结合任务的完成情况进行评价,并填写任务评价表(表1-4-2)。

表1-4-2 任务评价表

单位:分

评分内容	评价关键点	分值	自评分	小组互评	教师评分
装饰材料相关资料搜集情况	1.得出客厅装饰材料区块分布	15			
	2. 完整列出客厅各区块所需材料清单(需了解施工工艺)	35			
材料数据比较表格完成情况	1.准确完成各装饰材料属性分析	20			
	2.数据比对正确,制成材料分析表	20			
	3.选材结论分析正确	10			
合计		100			

六、知识链接

(一)客厅装饰材料及属性

客厅也叫起居室,是会客的重要场所,客厅的设计、装饰、色调等都能反映主人的性格、特点和眼光,所以客厅的每一个细节都不容忽视,然而很多业主在如何选择客厅的装饰材料上容易犯难。

1. 客厅地面

(1)抛光砖

抛光砖是通体砖的一种,是在通体砖坯体表面重复打磨而形成的光亮度较高的瓷砖(如图1-4-1)。抛光砖坚硬、耐脏、防滑、耐磨、抗弯曲度大、使用寿命长,还有各种仿石、仿木的效果。但其防污能力不足,表面凹凸气孔容易产生污垢,不易于清洁。

图1-4-1　抛光砖地面[①]

(2)玻化砖

玻化砖是瓷质抛光砖的俗称,是通体砖坯体的表面经过打磨而成的一种光亮的砖,属于通体砖的一种(如图1-4-2)。吸水率低于0.5%的陶瓷砖都被称为玻化砖(高于0.5%的是抛光砖)。其成分是石英砂、泥,呈弱酸性。其特点是色彩艳丽柔和,没有明显色差;高温烧结、完全瓷化生成了莫来石等多种晶体,理化性能稳定,耐腐蚀,抗污性强;厚度较薄,抗折强度高,砖体轻巧,建筑物荷重减少;无有害元素,装饰性能好。因此,玻化砖广泛用于客厅、门厅等地方。

[①] 抛光砖地面.2018-01-07,https://www.zcool.com.cn/work/ZMjU3NTc2MDQ=.html?switchPage=on。

图 1-4-2　玻化砖地面①

（3）釉面砖

釉面砖是表面经过烧釉处理的砖,由主体的土坯和表面的釉两个部分组成。主体又分陶土和瓷土两种,陶土烧制出来的表面呈红色,瓷土烧制出来的表面呈灰白色。釉面砖表面可以做成各种图案或花纹(如图 1-4-3)。釉面砖清洁吸水率＞10%,耐弯曲强度平均值 ≥ 16MPa;釉面砖美观大方、高贵典雅,易于清洁和保养,但是耐磨性比抛光砖稍差一些。

（4）仿古砖

仿古砖是釉面砖的一种,坯体为炻瓷(吸水率3%左右)或炻质(吸水率8%左右),从彩釉砖演化而来,实质上是上釉的瓷质砖(如图 1-4-4)。仿古砖具有透气、吸水、防污、防滑、抗氧化、净化空气等特点,花色有皮纹、岩石、木纹等,看上去都与实物非常接近,规格齐全,适用于厨房、浴室、客厅等空间。

图 1-4-3　釉面砖地面②

---

① 玻化砖地面.2016-05-23,https://www.duitang.com/blog/?id=579115880。

② 釉面砖地面.2019-10-17,https://www.jiaheu.com/topic/782889.html。

图1-4-4　仿古砖地面[①]

根据各类地砖属性,仿古砖复古、典雅、内敛,符合新中式风格的气质;抛光砖的仿石、仿木效果也可以营造新中式的怀旧气氛,所以新中式风格客厅地面铺设选择抛光砖和仿古砖都比较合适。除了材质之外,最终的砖体选择还要参考颜色、样式、图案等方面。

2. 客厅顶面

吊顶是现代家装中常用的装饰手法。在众多的吊顶材料中,石膏板材质使用较为广泛,因为不仅装饰效果好,价格也比较实惠,石膏板需固定在龙骨框架之上。在新中式风格的客厅顶面设计中,我们选取较为简单大气的石膏板吊顶,之后再刷腻子和乳胶漆。

(1)木龙骨

木龙骨是家庭装修中最常见的骨架材料(如图1-4-5),在中国家装中已经用了几千年,它容易造型,握钉力强,易于安装,特别适合与其他木制品的连接,广泛用于吊顶、隔墙、实木地板骨架制作。在吊顶中,木龙骨起到支架作用,木材不防潮也不防火,容易变形,所以在吊顶框架的使用中要杜绝水汽或电线,最好涂上防火涂料。

(2)轻钢龙骨

轻钢龙骨是一种新型的建筑材料,是以优质的连续热镀锌板带为原材料,经冷弯工艺轧制而成的建筑用金属骨架(如图1-4-6),广泛用于车站、游乐场、办公楼、候机厅等范围较大的空间。轻钢龙骨具有重量轻、强度高、防水、防震、隔音、

---

① 仿古砖地面.2016-12-16,https://zixun.jia.com/article/427655.html。

吸音、恒温等功效,工期短,施工简便。

图1-4-5 木龙骨框架图[1]   图1-4-6 轻钢龙骨框架图[2]

（3）石膏板

石膏板的主要成分是硫酸钙,化学式为$CaSO_4$,熔点为1450℃,相对密度为2.96,难溶于水。它的二水合物$CaSO_4 \cdot 2H_2O$俗称石膏（又名生石膏）。石膏板是以建筑石膏为主要原料制成的一种材料,是一种重量轻、强度高、厚度较薄、加工方便以及具有隔音、绝热、防火等性能的材料。由于普通石膏板适用于干燥环境,因此是客厅天花板的主要材料（如图1-4-7）,而厨房、卫生间等空间湿度较大的空间不太适用。

（4）硅酸钙板

硅酸钙板是以无机矿物纤维或者纤维素纤维等松散短纤维为增强材料,以硅质材料（主要成分是SiO_2,如石英粉、粉煤灰、硅藻土等）和钙质材料（主要成分是CaO,如石灰、电石泥、水泥等）为主体胶结材料,经制浆、成型,在高温高压饱和蒸汽中加速固化反应,形成硅酸钙胶凝体而制成的板材。其特点是防火、防潮、隔音、防蛀虫、耐久性较好,是隔断的理想板材（如图1-4-8）。

（5）石膏线

石膏线有线角、平线和弧线等构成,原料为石膏粉,通过一定的比例和水混合灌入模具并加入纤维增加韧性,可带各种花纹,主要安装在天花及天花板与墙壁的夹角处,其内可经过水管、电线等（如图1-4-9）。石膏线实用美观、价格低廉,具有防火、防潮、保温、隔音、隔热等功能,并能起到豪华的装饰效果。

① 木龙骨框架图.2019-01-11,http://www.sohu.com/a/288183328_120048058。
② 轻钢龙骨框架图.2015-08-17,https://zixun.jia.com/article/351725.html。

图1-4-7　石膏板吊顶①　　　　　　图1-4-8　硅酸钙板吊顶②

1-4-9　顶面石膏线③

（6）木线条

木线条用于天花板上不同层次面交接处的封边、天花板不同面料的对接处封口、天花平面上的造型线等（如图1-4-10）。木线条的技术要求有两个指标：含水率和甲醛释放量。实木线条使用前含水率应大于或等于7%，使用人造板和木塑复合材做基材的线条，其甲醛释放量限量值应小于或等于1.5mg/l。

石膏板吊完顶面后，还只是毛坯顶，需要在石膏板上先批腻子，然后再刷乳胶漆。乳胶漆对石膏板面起到保护作用，并使乳胶漆附着在腻子基层上，保证耐久性。

① 石膏板吊顶.2018-05-08，http://www.sjlonggu.com/Article/ddlgzxysyz_1.html。

② 硅酸钙板吊顶.2019-08-14，https://baijiahao.baidu.com/s?id=1641816477951157915&wfr=spider&fo-r=pc。

③ 顶面石膏线.2015-12-23，https://www.bzw315.com/zx/zxlc/zqsg/273152.html。

1-4-10　顶面木角线[1]

3. 客厅墙面

客厅的墙面关系到房屋的美观性和实用性,一定要经过细致的处理,这样才能兼顾功能和装饰需求。先是抹灰,将墙面表面清理干净,可渗水深度达到8~10mm,即达到抹灰要求;之后,用石膏在墙面找平,用腻子材料在墙面均匀涂抹,形成平整效果;然后砂补,将刮过腻子的墙面整体磨一次,再涂一层防水腻子;最后刷涂料,防止墙面发霉、漏水等。

(1)乳胶漆

乳胶漆是乳胶涂料的俗称,是以丙烯酸酯共聚乳液为代表的一大类合成树脂乳液涂料。它是以合成树脂为基料,以水为分散介质,加入颜料、填料和助剂加工而成的。乳胶漆具备了与传统墙面涂料不同的众多优点,如易于涂刷、干燥迅速、漆膜耐水、耐擦耐洗、色彩柔和等,优点众多、使用广泛。

(2)低档水溶性涂料

低档水溶性涂料是聚乙烯醇溶解在水中,再加入颜料等其他助剂而成的涂料。它的牌号有很多,常见的是106、803涂料,具有价格便宜、无毒、无臭、施工方便等优点,适用于一般的内墙装修。其成膜物质是水溶性的,湿布擦洗后会留下痕迹,容易剥落,耐久性也不好,而且易泛黄变色,但是因为价格便宜、施工方便,目前也有很大市场。

---

① 顶面木角线.2016-06-30,https://www.sohu.com/a/100181927_428963。

4. 背景墙

（1）护墙板

电视背景墙的材质有很多种，护墙板作为新型材料深受大众喜爱，起到隔音降噪、防潮阻燃的作用，整体性较强，风格突出，而且使用久了万一不喜欢，还可以随时拆卸，十分方便（如图1-4-11）。

图1-4-11　护墙板电视背景墙[①]

（2）墙布

墙布又称壁布，是裱糊墙面的织物，以棉布为底，并在底布上施以印花或轧纹浮雕，也有以大提花织成的织物（如图1-4-12）。优点有视觉舒适、触感柔和、少许隔音、高度透气等。

图1-4-12　墙面壁布[②]

[①] 护墙板电视背景墙.2018-09-29,http://dy.163.com/v2/article/detail/DSRVR2210520CU9L.html。
[②] 墙面壁布.2020-01-07,http://www.4design.cn/news/detail/artid/502.html。

（3）墙纸

墙纸又称壁纸，是一种裱糊墙面的室内装修材料，其材质不限于纸，也包含其他材料（如图1-4-13）。因为其具有色彩多样、图案丰富、豪华气派、安全环保、施工方便、价格适宜等多种其他室内装饰材料无法比拟的特点，在欧美、日本等国家和地区已相当普及。常见的有云母片壁纸、木纤维壁纸、纯纸壁纸等。

图1-4-13　墙面壁纸①

关于背景墙，我们简单例举了护墙板、墙布和墙纸，其他同类型材料将在以后的章节中做详细介绍。

（二）材料分析表举例说明

通过以上各材料的介绍，我们以墙面装饰为例，选取常见的几种墙面饰材，通过资料搜集得出表1-4-3。

表1-4-3　墙面材料分析表

	乳胶漆	墙纸	无缝壁布	液体壁纸	硅藻泥
历史	诞生于20世纪70年代中后期	10世纪中叶	近几年兴起，未经过历史考验	近几年兴起，未经过历史考验	近几年兴起，未经过历史考验
普及率	中国普及率达90%	欧美普及率80%，韩国90%，日本100%	近几年兴起，未覆盖市场	近几年兴起，未覆盖市场	近几年兴起，未覆盖市场
造价	低	中	高	中	高

---

① 墙面壁纸.2016-11-16,https://zixun.jia.com/article/417425.html。

	乳胶漆	墙纸	无缝壁布	液体壁纸	硅藻泥
环保性能	不环保	环保	环保	环保	环保
施工难度	易	易	中	难	难
施工周期	7~10天	1天	1~2天	10~15天	2~5天
对环境的影响	巨大	轻微	轻微	巨大	中等
对墙的保护	差	中	中	差	强
修补难度	易	易	不易	难	难
图案	无	丰富	丰富	丰富	丰富
调色难度	可手调	成品	成品	可手调	可手调
更换难度	易	易	难	难	难
保养	无需	需要	需要	需要	无需
耐擦洗	不耐脏、不可擦洗	耐脏、可擦洗	耐脏、可擦洗	耐脏、不可擦洗	耐脏、不可擦洗

通过数据及对比分析,再次参考客户需求和风格特征,在范围之内选择合理墙面饰材。

七、练一练

1. 参考墙面材料分析表,制作完成地面、顶面材料分析表。

2. 你了解顶面的施工材料和施工流程吗? 请说说操作步骤。

3. 在家装过程中我们一般会选用木龙骨吊顶,为什么不使用轻钢龙骨?

任务五　客厅装修预算

一、任务描述

1. 此次任务要求学生以小组为单位,在完成任务四的基础上,了解做装修预算的步骤,并学会编制装修预算表格,完成装修预算,表格样式参见表1-5-1。

2. 教师检查,讲解编制预算表的注意事项。

表 1-5-1   装修预算表

项目一:新中式客厅										
序号	项目名称	单位	数量	主材	辅材	人工	损耗	单价	金额(元)	工艺做法及材料说明
1										
2										
3										
4										
5										
	总金额									

二、任务目标

1. 学生能了解做装修预算的步骤。

2. 学生能运用主材、辅材、损耗等数据,完成装修预算。

3. 组内成员相互帮助,锻炼团队合作和协调沟通能力。

三、任务学时安排

4课时

四、任务基本程序

1. 分组。按班级学生的能力和特长进行合理分组,每组4~5人,并推选一人担任组长。

2. 明确本次任务的要求。在充分了解和分析本次任务要求的基础上,各小组组内合理分工,进行市场调研和分析。

3. 组内制作完成客厅装修材料预算表。

4. 汇报展示。教师检验,提出问题及建议。

五、任务评价

完成任务后,请结合任务的完成情况进行评价,并填写任务评价表(表1-5-2)。

表1-5-2 任务评价表

(单位:分)

评分内容	评价关键点	分值	自评分	小组互评	教师评分
装饰材料相关资料搜集情况	1. 能正确区分客厅相关装修材料(主材/辅材)	10			
	2. 能正确填写客厅相关装修材料规格及价格	15			
	3. 各项目人工费及材料损耗量(清楚损耗原因)计算准确	25			
完成装修预算表	1. 装修预算表格式正确	10			
	2. 装修预算表各数据填写准确	20			
	3. 合理完成预算	10			
合计		100			

六、知识链接

(一)装修预算的步骤

装修是一项综合性工程,过程中存在很多不确定因素,同时装修也分不同档次,因此,装修之前需要进行周密规划,才能给出合理的方案和预算。

1. 确定装修预算

根据任务四,确定所需装饰材料,对市场上各品牌产品质量、性能、质地、价格等方面做详细了解。

2. 做出装修项目预算

结合客户的心理装修预算,列出项目清单,参考市场材料价格,对项目进行费用预估,得出初步预算。

(二)装修预算表的制作

装修时,首先需要对整个装修预算有一个了解,一般的装修预算包括材料费、人工费和材料的损耗费等,只有了解各项具体费用们才能得出该项目的最终预算。

1. 主材材料

一般我们把装修中直接使用成品的材料叫做主材,包括瓷砖、地板、橱柜、木门、窗户、乳胶漆、壁纸、石材、集成吊顶、龙头花洒等。主材一般都是有规格和尺寸的,不同的规格价格不同,也需要根据实际面积来计算价格。

2. 轻工辅料

轻工辅料包括电线、线管、水管、沙子、水泥等,轻工辅料一般由装修公司设计并施工,它包括的项目有棚面吊顶、墙面处理、贴砖、防水、水暖改造、强弱电改造等,预算多少取决于设计、材料、工艺、面积等。

3. 人工费

装修的每个过程都需要人工,那么人工费项目有哪些?人工费的市场价大概多少?我们都需要了解清楚。比如刷墙人工费,市面上刷乳胶漆的人工费一般在 14 ~ 18 元/平方米(包含腻子、界面剂和乳胶漆在内)。墙面涂刷面积=房屋面积*2.7;再比如,铺贴瓷砖人工费,常规地板砖价格为 35 元/平方米,但也会因施工工艺不同而有所差别,如无缝工艺比有缝工艺的价格高一些。

4. 家装材料损耗费

在家庭装修过程中,施工面积相对较小,转角曲面较多,且施工内容较为丰富,个性化较强,水、电、泥、木、油漆等工种齐全,因此,损耗会比一般的工程要大。常用的装修材料都需要裁剪、拼接,这样势必会产生损耗。下面我们详细介绍不同种类的材料如何计算损耗。

(三)装修材料损耗

1. 按面积计算类

这类装修材料中墙地砖、木地板、吊顶扣板等几何尺寸较小,一般都为整块施工,在四边和阴阳转角处需要裁切、拼接,这与房型的长、宽、高有关,地砖是否具有方向性等因素也会影响其损耗。一般来说,材料几何尺寸越大则损耗越大,施工面积越小则损耗越大。按照面积计算的常用客厅材料及规格见表 1-5-3。

表1-5-3 常用客厅材料及规格 I

（单位：mm）

材料名称	常用规格
纸面石膏板	3000*1200,2440*1220
地砖	300*300,500*500,600*600,800*800
壁纸	5000*530,5000*850

2. 按长度计算类

按照长度计算的常用客厅材料及规格见表1-5-4。

表1-5-4 常用客厅材料及规格 II

（单位：m）

材料名称	常用规格
强弱电线	100,50
各类管材	4,6
木线条	4
实木踢脚线	3,4

3. 计件类

涂料在家庭装修中大多采用5L桶装,其损耗根据施工方法不同会有差别,涂刷、喷漆等损耗都不同(表1-5-5),实际施工中滴漏、飞溅、滚筒和漆刷吸附残留等也是损耗。另外,如开关、插座、五金等也是按件计算。

表1-5-5 客厅主要材料损耗参考表

类别	材料名称	规格范围	装饰形式	参考损耗率
按面积计算	地砖	≤ 900cm² (单片面积)	常规镶贴	3% ～ 5%
		900 ～ 3000cm² (单片面积)		3% ～ 8%
		≥ 3000cm² (单片面积)		5% ～ 10%
	地砖	≤ 900cm² (单片面积)	菱形镶贴	5% ～ 8%
		900 ～ 3000cm² (单片面积)		5% ～ 10%
		≥ 3000cm² (单片面积)		5% ～ 15%

续 表

类别	材料名称	规格范围	装饰形式	参考损耗率
按面积计算	墙纸			5%～20%
按长度计算	各类管材			5%～15%
	强弱电线			5%～15%
	踢脚线			10%～20%
按件计算	油性涂料	整桶完全使用		5%～10%
	水性涂料	整桶完全使用		5%～10%
	粘胶剂	整桶完全使用		3%～8%
	开关插座			按实际计算
	小五金			按实际计算

（四）客厅装修工程预算表编制

根据已列出的项目名称、所需主材和辅材，参考当下市场人工费用及损耗，并且备注施工工艺及材料说明，按照表1-5-6格式计算完成装修预算。

另外还需注意顶面、地面、墙面数量列的计算方法（单位：m）：

顶面面积＝长×宽；地面面积＝长×宽；墙面面积＝（长＋宽）×2×高

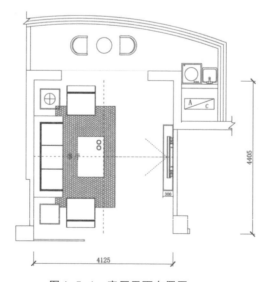

图1-5-1 客厅平面布置图

因此根据客厅平面布置图(图1-5-1)确定该客厅的长是4.41m,宽是4.12m,除去吊顶和地面后的层高为2.48m,可以依据以上公式计算顶面和地面面积为4.41×4.12＝18.2m²,墙面面积为(4.41＋4.12)×2×2.48＝42.3m²。

单价＝主材＋辅材＋人工＋(主材×损耗);金额＝单价×数量

以顶面乳胶漆为例:单价＝6＋1＋8.5＋(6×5%)＝15.8;金额＝15.8×18.2＝287.56元

按照以上公式我们便可计算出各项金额,加和求得总价。如有需要,在最后一列加上工艺做法及材料说明,这样便基本完成了客厅的装修材料预算表。

表1-5-6　客厅主要装修材料预算表

项目一:新中式客厅									
序号	项目名称	单位	数量	主材	辅材	人工	损耗	单价元/m²	费用(元)	工艺做法及材料说明
1	地面砖(800*800)	m²	18.2	120	20	35	7%	183.4	3337.88	材料含双马425水泥、河沙
2	石膏板直线造型吊顶	m²	18.2	28	21	40	5%	90.4	1645.28	材料含木龙骨、纸面石膏板、防火涂料、辅料等。工艺流程:刷防火涂料,找水平,钢膨胀固定,300*300龙骨格栅,封板
3	顶面腻子	m²	18.2	9	0.8	8.5	5%	18.75	341.25	材料含立邦美加丽2代、石膏粉、乐山钢玉腻子、808胶水。工艺流程:清扫基层,刮腻子四遍,找平,找磨,专用底漆一遍,面漆两遍
4	顶面乳胶漆	m²	18.2	6	1	8.5	5%	15.8	287.56	
5	墙面腻子	m²	42.3	8	0.8	6.5	5%	15.7	664.11	材料含立邦美加丽2代、石膏粉、乐山钢玉腻子、808胶水。工艺流程:清扫基层,刮腻子四遍,找平,找磨,专用底漆一遍,面漆两遍
6	墙面乳胶漆	m²	42.3	6	1	6.5	5%	13.8	583.74	
7	电视背景墙	m²	10.9	65	33	65	5%	166.25	1812.13	夹板饰面,木工板基层,实木收边,纯色墙布铺贴

续　表

项目一:新中式客厅									
序号	项目名称	单位	数量	主材	辅材	人工	损耗	单价元/m²	费用（元）	工艺做法及材料说明
8	沙发背景墙	m²	10.9	75	30	65	5%	173.75	1893.88	夹板饰面,木工板基层,实木收边,图案绘墙布铺贴
9	成品踢脚线	m	12.9	15	1.2	5.5	5%	22.45	289.605	
10	门套	m	7.5	180	2	5	5%	196	1470	单层木工板、饰面板(柚木饰面)
11	总费用								12325	不含五金件及定制费用

七、练一练

1. 你能说说主材和辅材的区别吗?请举例说明。

2. 在编制装修预算表的时候还会出现哪些问题？你是怎么解决的？

项目二

现代美式玄关设计

项目导读

　　此案为一套复式别墅,建筑面积约为 $181m^2$(如图 2-0-1、图 2-0-2)。户主是一对新婚夫妇,预算在 60 万元左右。

　　在整体风格上,户主偏向于以白色、灰色、米黄为主色调,追求温馨、优雅、舒适、具有混搭风的现代美式风格。户主颜小姐有收藏各类鞋子的爱好,故需在门口摆放容量较大的鞋柜。颜小姐平时经常出门旅游,入手的饰品无处放置,希望在居室中设计有一定容量的展示柜。墙面布置以中世纪油画为主,以强调美式氛围。灯光布置方面,可配置较大的吊灯作为主灯,再添置些射灯、壁灯、荧光灯等做辅助光源。

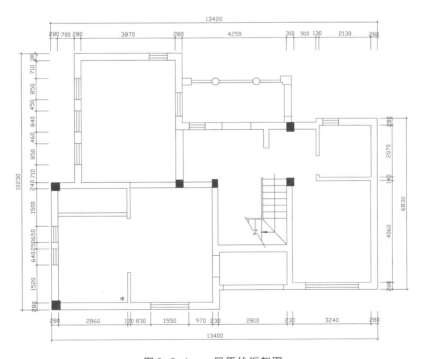

图 2-0-1　一层原始框架图

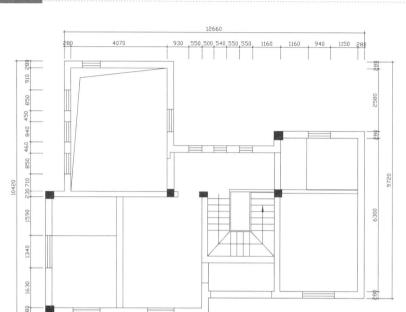

图 2-0-2　二层原始框架图

 项目实施

任务一　探究活动:"认识多元的美国文化"

一、任务描述

1. 说一说。课前学生选择一个自己熟悉或喜爱的有美国元素的事物,例如电影、文学作品、音乐、绘画、建筑等,探寻其历史文化背景。以小组为单位,逐一介绍自己所选事物,并说一说自己所认识和理解的美国文化,小组投票选出本组"最佳介绍"并在课上进行展示。

2. 议一议。教师在课上组织学生展开讨论,探讨美国文化"移植""多元"的特点对美式装饰风格产生了哪些影响。

3. 辩一辩。针对当前我国本土文化受美国文化冲击的背景,教师组织学生进行题为"外来文化对民族文化发展的利弊"的辩论。

二、任务目标

1. 学生通过相互介绍"美国元素",分享各自见解,了解、认识美国文化,开阔视野,丰富知识。

2. 学生通过讨论进一步认识美国文化对美式装饰风格的影响。

3. 学生通过辩论培养辩证思维能力,增强对外来文化影响的辨识意识。

三、任务学时安排

1课时

四、任务基本程序

1. 分组。按班级学生的能力和特长进行合理分组,每组4～5人,并推选一人担任组长。

2. 明确本次任务的要求。学生在课前完成组内"聊一聊"活动;学生根据教师公布的议题搜集、查阅资料;学生依据辩题组建正反两方,搜集、查阅资料,形成本方论据。

3. 课上分享、讨论、辩论。

五、任务评价

完成任务后,请结合任务的完成情况进行评价,并填写任务评价表(表2-1-1)。

表2-1-1 任务评价表

评分内容	评价关键点	分值	自评分	小组互评	教师评分
"说一说"	1. 介绍内容新奇有趣、"美国元素"显著	10			
	2. 对美国文化有自己的认识和感悟	20			
"议一议"	1. 发言积极踊跃	10			
	2. 发言内容切题、言之有物	20			

续　表

评分内容	评价关键点	分值	自评分	小组互评	教师评分
"辩一辩"	1. 论据充分、表达清晰	20			
	2. 有自己的观点、见解	20			
合计		100			

六、知识链接

(一)多民族文化对美式风格产生的影响

美国人口总量居世界第三位,排在中国和印度之后。美国拥有十分多样化的种族及民族,各民族带来了丰富多彩的语言与宗教信仰。

各个民族的人们在移民的过程中带来了不同国家或地域的文化、历史、建筑、艺术甚至生活习惯,美国的家具也深受影响,从很多的家具文化中能看到西方文化的历史缩影。比如高大的家具造型来自欧洲的古典建筑,细部的雕塑、雕刻来自古罗马、西班牙的文化风格等(如图2-1-1、2-1-2)。美国人汲取了这些欧洲文化的精华,又加上了自身文化的特点,衍生出美式设计独特的风格。

图2-1-1　古罗马雕刻[①]　　　图2-1-2　西班牙雕塑——哥伦布纪念碑[②]

[①] 古罗马雕刻 .2011-09-05,http://bbs.sssc.cn/forum.php?mod=viewthread&tid=1513297&extra=page=1&ordertype=1。

[②] 西班牙雕塑 —— 哥伦布纪念碑 . https://cn. dreamstime.com/% E5%BA% 93%E5%AD% 98%E7%85%A7%E7%89%87-% E5%93%A5%E4%BC% A6%E5%B8%83%E7%BA% AA E5%BF% B5%E7%A2%91%EF%BC% 8C-% E5%A1%9E%E7%BD% 97%E9%82%A3%EF% BC%8C%E8%A5%BF%E7%8F%AD%E7%89%99-%E8%8A%82-image71815074。

1. 自由

整体而言,美式家居传达了单纯、休闲、有组织、多功能的设计思想,让家成为释放压力和解放心灵的净土。美式家具的迷人之处在于造型、纹路、雕饰以及色调的细腻高贵、耐人寻味,透露着亘古而久远的芬芳。

2. 舒适

美式家居很多是感人和温馨的。房子是用来住的,不是用来欣赏的,要让住在其中的人倍感温暖,美式风格的精髓就在这平实的感恩之心。每个家庭成员在其各个人生阶段中都有相应的家具和摆设,儿童房、老人房的格局和色调都符合其年龄特点。虽然他们不热衷于几代同堂地居住在一起,但每逢重大节日,他们都力求和最亲近的家人在一起温馨地度过。一个家的沙发要足够承载近10个人,地毯让老人不致滑倒,小孩可以随意趴在地上堆积木或逗狗,开放式厨房让女主人在料理大餐时仍然能够倾听丈夫的甜言蜜语……家具的外型绝对要服从于使用的舒适度,虽然赏心悦目是家具的重要功能,但如果与享用的便利相冲突的话,形式就要靠边站了,比如功能沙发的花色普遍偏灰暗,图的就是经脏,可以少拆洗。

3. 混搭

美式家居的基础是欧洲文艺复兴后期各国移民所带来的生活方式。从许多18、19世纪传下来的美国经典家具中,可以看出早期美国移民的开拓精神和崇尚自然的原则,这些家具造型典雅,又不过度装饰。其中的代表作有安妮女王式椅子(图2-1-3、图2-1-4),其顶部采用轭形,饰以浅浮雕,椅背是花瓶式的板条,座面做成马蹄形即U形,所有的雕刻都不太复杂,这种样式被认为是借鉴了中国家具的样式。他们对传统的吸纳可以算得上是不拘来处!对经典永远抱着借鉴的谦恭态度,又能结合本国生活方式和特点,最后使美式家居成为各种特色家居的集大成者。

4. 自然

美式古典风格家具以其古朴的色调、天然的材质和深沉而含蓄的风格,一直受到众多消费者的青睐。美式古典风格家具体现了开拓精神和崇尚自然的作风。

图2-1-3　安妮女王式椅子[①]　　　图2-1-4　安妮女王式椅子三视图[②]

5. 个性

美式家具有极强的个性,表达了美国人追求自由、崇尚创新的精神。美式家具上经常会有一些表达美国文化概念的图腾,比如大象、大马哈鱼、狮子、老鹰等,还有一些代表印地安文化的图腾。

美国人在家庭布置中偏爱低调的奢华,特别倾向于在木质家具上留下做旧的使用痕迹。那意味着家具好似经过多年使用,甚至可以是先祖留下的古董。如果美国人拥有一件祖母用过的旧家具,一定会放在居室最醒目的位置,从而显示出主人对家族文化和历史的注重。近乎崇拜地仿古,是美式家居的一大特点。美式家具表面喷涂的油漆也多为暗淡的哑光色,排斥亮面,这同样源于他们仿古的喜好。

6. 色彩

美式古典风格家具的色泽较深,以黑、暗红、褐色为主色调,显得稳重优雅。美式家具特别强调舒适、气派、实用和多功能。它的迷人之处在于造型、纹路、雕

① 安妮女王式椅子.2008-09-04,http://blog.sina.com.cn/s/blog_5aee7e250100ar26.html。

② 安妮女王式椅子三视图.2008-09-04,http://blog.sina.com.cn/s/blog_5aee7e250100ar26.html。

饰和色调的细腻高贵。家具以单一色为主,强调实用性,常用镶嵌装饰手法,并饰以油漆或浮雕。家具用材一般采用胡桃木和枫木,为凸出木质本身特点,它的贴面采用复杂的薄片处理,使纹理本身成为一种装饰,可在不同角度下产生不同的光感(如图2-1-5)。

图2-1-5　美式古典风格家具①

7. 创新

在古典家具设计师求新求变的过程中,对创新的需求应运而生。设计师将古典风范与个人的设计风格和现代精神结合起来,使古典家具呈现出多姿多彩的面貌,成为新古典风格的主要特色。

8. 变化

新款美式古典风格家具除继续保持传统的深木色外,还采用了黑、白、浅木色等颜色的配饰。加入浅色美式古典风格家具,不再让人觉得沉闷,从而在视觉上产生焕然一新的感觉(如图2-1-6)。

_____

① 美式古典风格家具.http://tuku.17house.com/962112.html。

图2-1-6　新美式古典风格家具[①]

七、练一练

1. 请找一找现代美式风格的家装设计中,哪些元素保留了传统的美式风格,而哪些部分进行了现代化的改良。

任务二　测量、绘制——玄关家具与人体的关系

一、任务描述

1. 此次任务要求学生以小组为单位,通过查阅资料、测量玄关中主要家具的尺寸与人体相关联的尺寸,填写完成玄关家具分析表(见表2-2-1),由此分析玄关家具与人体之间的关系。

2. 通过调查、分析,各小组绘制完成表2-2-1中玄关主要家具的三视图及主要家具尺寸与人体尺寸之间的关系图,选派代表进行展示说明。

3. 教师点评,讲解玄关主要家具与人体尺寸之间的关系。

---

① 新美式古典风格家具.https://www.xingjiesj.com/nj/case-detail/3595。

二、任务目标

1. 学生通过多种渠道的查阅和分析,能说出玄关主要家具与人体尺寸之间的关系。

2. 学生能准确说出玄关主要家具的尺寸并绘制三视图。

3. 培养学生的团队协作能力和表达能力。

三、任务学时安排

2课时

四、任务基本程序

1. 分组。按班级学生的能力和特长进行合理分组,每组4~5人,并推选一人担任组长。

2. 明确本次任务的要求。在充分了解和分析本次任务要求的基础上,各小组组内合理分工,搜集、查阅相关资料,并完成本次任务初稿。

3. 完成作业内容。搜集资料进行汇总和分析,填写表2-2-1。

表2-2-1 玄关家具分析表

家具类型	家具数值	相关人体数值	具体数值	绘制
鞋柜	鞋柜高(例)	人手的拿取高度	900mm	三视图
	鞋柜宽			
	鞋柜深			
玄关柜	玄关柜高			三视图
	玄关柜宽			
	玄关柜深			
家具尺寸与人体尺寸间的关系	鞋柜与鞋的关系			关系图
	玄关柜层高与展示品之间的关系			关系图

4. 展示交流。各小组在课堂上共同展示交流此次调查结果,互相查漏补缺、协作学习。

五、任务评价

完成任务后,请结合任务的完成情况进行评价,并填写任务评价表(表2-2-2)。

表2-2-2　任务评价表

(单位:分)

评分内容	评价关键点	分值	自评分	小组互评	教师评分
作业内容	1. 完成并正确填写表格中的内容	20			
	2. 三视图绘制完整	20			
	3. 三视图尺寸标注正确、符合标准	20			
	4. 家具尺寸与人体尺寸之间的关系分析到位	20			
作业展示	1. 三视图绘制清晰、精美	10			
	2. 展示仪态大方、表述清晰	10			
合计		100			

六、知识链接

(一)玄关中的主要家具尺寸

在房间的整体设计中,玄关是非常重要的组成部分。玄关在居室内所占空间较小,但要保证至少两人可以并排站立(如图2-2-1)。在设计玄关时,需要对空间进行合理设计,考虑好动线(如图2-2-2)。

在居室空间中,玄关可以作为简单接待客人、换衣帽、放置钥匙等小物的地方,主要家具有鞋柜、玄关柜。

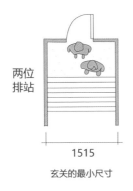

两位
排站

1515

玄关的最小尺寸

图 2-2-1　玄关最小尺寸图

图 2-2-2　玄关家具动线

1. 常见鞋柜尺寸

图 2-2-3　美式玄关鞋柜①

　　鞋柜的主要功能是储存鞋子,一般位于靠近门口的墙边。在设计过程中,鞋柜在款式上的不断变化和创新,逐渐使其满足了储藏鞋子和装饰的双重作用。由于玄关面积的局限,在设计或选择鞋柜时,需要综合考虑面积和人的使用感受。

　　鞋柜尺寸应依据人体操作活动的可能范围,并结合物品使用的便利程度去考虑它存放的位置。

　　(1)高度

　　贮藏类家具的高度要根据人存取方便的尺度来划分(如图 2-2-4)。鞋柜一

---

① Vian:美式玄关鞋柜,2016-10-02,https://huaban.com/pins/873291822/。

般位于地面以上880~910mm的位置,一般常用的物品可以放在柜面上,这既是人最容易触及的位置,也是人最容易看到的视域,便于取用钥匙、钱包等小物。

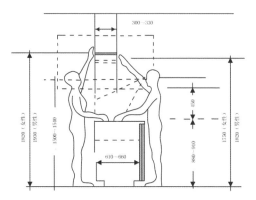

图2-2-4　人能够达到的最大尺度图(单位:mm)

(2)宽度与深度

柜式家具的宽度与深度一般是根据存放物的种类、数量、存放方式及室内布局等因素来确定的。一般鞋柜的宽度在800mm左右,深度在400mm左右。

在现代家居设计中,鞋柜常与其他用途的的柜子进行组合,形成更加整体的玄关氛围,也作隔断使用(如图2-2-5)。

图2-2-5　玄关组合鞋柜[①]

---

① 小欧OPPIEN:玄关组合鞋柜,2017-06-30,https://huaban.com/pins/1211262659/。

2. 常见玄关柜尺寸

图2-2-6　美式乡村玄关柜①　　　　图2-2-7　玄关柜②

　　为了增加居室的私密性,因而在进门处利用玄关柜作隔断,同时也起到一定的装饰作用(图2-2-6、图2-2-7)。玄关柜一般用于物品的展示和存储。由于拿取物品时需要弯腰或蹲下,因而需要在玄关柜前方预留一定的空间(如图2-2-8)。

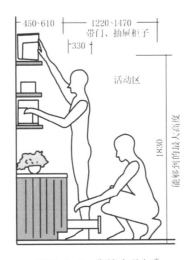

图2-2-8　靠墙玄关柜③

① 木匠活儿:美式乡村玄关柜.2016-11-27,https://huaban.com/pins/935106643/。

② 云伊:玄关柜,2016-03-23,https://huaban.com/pins/657672298/。

③ 理想·宅:《设计必修课·室内设计与人体工程学》,化学工业出版社2019年版。

玄关柜的高度一般不能超过房屋高度的1/3,同时也不能超过人的身高,常用尺寸在800mm以下。如果玄关柜的隔断墙上需要陈列物品,则陈列物品的高度要符合人体的视觉高度,墙上展示品最佳的陈列高度大致在1200～1800mm区域内。玄关柜的台面常常也用于陈列各种展示品,以体现主人的审美和居室的风格。

(二)玄关家具与贮藏物之间的关系

贮藏类家具除了考虑与人体尺度的关系外,还必须研究存放物品的类别、尺寸、数量与存放方式,这对确定贮藏类家具的尺寸和形式有着重要作用。

为了合理存放各种物品,必须找出各类存放物容积的最佳尺寸值。因此,在设计各种不同的存放用途的家具时,首先必须仔细地了解和掌握各类物品的常用基本规格尺寸,以便根据这些素材,分析物与物之间的关系,确定出合理、适用的尺度范围,以提高空间利用率。

在设计时,既要根据物品的不同特点,考虑各方面的因素,区别对待,又要照顾家具制作时的可能条件,制定出尺寸方面的通用系列。

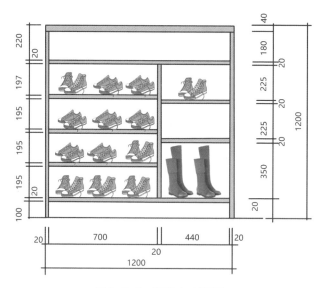

图 2-2-9 鞋柜内立面图

鞋柜的贮藏物较为简单,只要了解鞋的大致尺寸即可,所以鞋柜的大小一般较为统一。一般低帮鞋所需的鞋柜层高在195mm左右,中帮鞋所需的鞋柜层高在197mm左右,高帮鞋或者高跟鞋所需层高在225mm左右,高筒靴的所需层高在350mm,如有特殊尺寸的需求则视需求而定(如图2-2-9)。

由于玄关柜的展示品种类较多、大小不一,因此在设计玄关柜时可以考虑可拆卸的板架结构,这样的设计可以根据不同的展示品尺寸灵活地调整玄关柜。

七、练一练

1. 结合课前导读,搜集市面上各种鞋型,为这对新婚夫妇的鞋子设计合适的鞋柜。

2. 颜小姐的身高为165cm,请结合实际情况为颜小姐设计符合人体工学的玄关柜。

任务三 绘制玄关平面布置图、立面图

一、任务描述

1. 此次任务要求学生以小组为单位,分析项目一层原始框架图,依据玄关设计的功能要求,结合业主设计需求,对案例户型的玄关区域进行合理的布局设计。

2. 在确定玄关布局设计方案的基础上,小组分工绘制玄关平面布置图,并选取一个立面绘制一张玄关的立面图。各小组展示、说明设计思路,分享设计方案。

3. 教师点评,讲解玄关布局设计与绘制相关图纸的注意事项。

二、任务目标

1. 学生理解玄关的概念和作用,能灵活运用玄关设计的功能要求、玄关常见形式等知识,对玄关进行合理布局设计。

2. 学生所绘制的平面布置图与立面图数据合理,符合人体工程学,并能准确表达设计方案。

3. 在学生展示过程中,学生能运用专业术语准确表达方案。

4. 通过项目任务提高学生分析问题的能力,培养学生团结协作精神,互相帮助、共同完成任务,达成目标。

三、任务学时安排

4课时

四、任务基本程序

1. 分组。按班级学生的能力和特长进行合理分组,每组4~5人,并推选一人担任组长。

2. 明确本次任务的要求。在充分了解和分析本次任务要求的基础上各小组组内合理分工,搜集、查阅相关资料,并完成本次任务初稿。

3. 绘制图纸。各小组确定玄关布局设计方案,绘制相应图纸。

4. 展示交流。各小组在课堂上展示交流设计思路与设计方案,互相查漏补缺、协作学习。

五、任务评价

完成任务后,请结合任务的完成情况进行评价,并填写任务评价表(表2-3-1)。

表2-3-1　任务评价表

（单位:分）

评分内容	评价关键点	分值	自评分	小组互评	教师评分
客厅布局设计方案	1. 玄关空间布局合理	20			
	2. 能结合人体工学知识合理布置家具	20			
	3. 设计风格和设计方案符合业主要求	10			
图纸绘制	1. 视图的投影关系准确	10			
	2. 尺寸标注准确,文字标注完整	10			
	3. 图纸能正确表达设计方案	30			
合计		100			

六、知识链接

（一）玄关的概念

玄关又称斗室、过厅、门厅，是建筑物入门处到正厅之间的一段转折空间，它符合东亚传统建筑中"藏"的概念。玄关是从屋外进入屋内的缓冲，是住宅室内与室外之间的一个过渡空间。在住宅空间中，玄关虽然面积不大，但使用频率较高，是进出住宅的必经之处。

（二）玄关设计的功能要求

1. 视觉屏障功能

玄关对户外的视线能产生一定的屏障作用，不至于开门见厅，让人一进门就对家中的情形一览无余（如图 2-3-1）。玄关保证了厅内的距离感、安全性和私密性。在客人来访和家人出入时，能够很好地解决干扰和心理安全问题，使人们出门入户过程更加有序。

图 2-3-1　视觉屏障功能玄关[1]

2. 装饰、接待功能

客人入户第一眼看到的就是玄关。可以说，玄关设计是设计师整体设计思想的浓缩，它在房间装饰中起到画龙点睛的作用。

矮柜、边桌、明式椅、博古架等，玄关处不同的家具摆放，可以承担不同的功

---

[1] 沂河上院：新中式玄关-家的第一印象.2017-06-05，http://www.lyfff.com/news/2017-06-05/95661.html/。

能,或收纳,或展示。但鉴于玄关空间的有限性,在玄关处摆放的家具应以不影响主人的出入为原则。玄关的装饰也应与整套住宅装饰风格协调,起到承上启下的作用(如图2-3-2)。

图2-3-2 装饰、接待功能玄关[1]

3. 储藏、更衣功能

玄关除了起装饰作用外,另有一重要功能,即储藏物品。玄关区域可以放置的家具有鞋柜、壁橱、更衣柜等,也可设置放包及钥匙等小物品的平台。在设计时应因地制宜,充分利用空间(如图2-3-3)。

图2-3-3 储藏、更衣功能玄关[2]

① 装饰、接待功能玄关.http://tuku.17house.com/361000.html/。
② 储藏、更衣功能玄关.2016-07-12,http://blog.sina.com.cn/s/blog_13d9511710102wisv.html/。

4. 保温功能

在北方地区玄关可形成一个温差保护区,避免寒风在开门时直接入室。

(三)玄关的常见形式

玄关的设计依据房型而定,可以是圆弧型的,也可以是直角型的,有的还可以设计成玄关走廊。不同户型结构的住宅空间,玄关的位置、面积不同,相应的布局设计也要区别对待。玄关的常见形式有以下三种:

1. 独立式

独立式玄关是在使用上最宽敞、方便的一种玄关形式。它指一个相对封闭的入口区域,面积较大的居住空间可以设计独立的玄关空间(如图2-3-4)。

图2-3-4　独立式玄关①

2. 邻接式

邻接式的玄关与厅堂相连,没有较明显的独立区域。这是最常用的一种玄关形式。在布局设计时,重点突出玄关划分空间的概念,一般利用半矮柜、鱼缸、纱帘等进行空间分割(如图2-3-5)。

3. 包含式

包含式玄关即玄关包含于进厅之中,稍加修饰,就会成为整个厅堂的亮点。这种形式的玄关既能起分隔作用,又能增加空间的装饰效果(如图2-3-6)。

① 独立式玄关.http://jx.qizuang.com/zixun_info/85213.shtml/。

图 2-3-5　邻接式玄关①

图 2-3-6　包含式玄关②

（四）玄关布局设计

本案为复式别墅,整体面积较大,根据一层原始框架图分析可以将玄关设计为独立式玄关(如图 2-3-7),即红线框内区域,面积约为 10.2m²。

---

① 邻接式玄关 .2017-12-05,https://www.kujiale.com/design/3FO4K0A1XV6D#room-xuanguan? kpm=9V8.18b2c489779db74e.7963ed1.1582478218983/。

② 包含式玄关 .2018-02-02,https://www.kujiale.com/design/3FO4K0HI0P3X#room-xuanguan? kpm=9V8.18b2c489779db74e.5eb487d.1582478218983/。

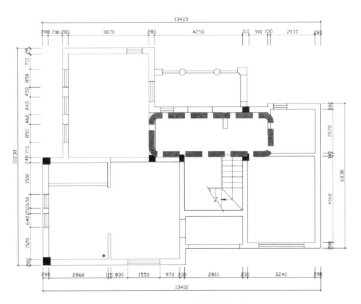

图 2-3-7 一层原始框架图

1. 绘制玄关平面布置图

本案的玄关面积较大,并包含两块区域。根据业主需求,可以将装饰与接待功能设计在紧接入户门的区域,因此我们可在此放置一张长为1200mm的美式风格边桌。业主还要求有容量较大的鞋柜,因此我们将收纳功能设计在第二块区域,在此处设置一面进深为550mm的鞋柜。为突出现代美式风格,地面可以铺设500mm*500mm的仿古砖。图 2-3-8 是笔者根据业主需求绘制的平面布置图。

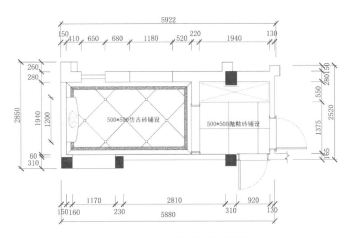

图 2-3-8 玄关平面布置图

2. 绘制玄关立面图

这套户型的原始层高为 3050mm，吊顶高度为 370mm，地面铺装高度为 50mm，剩下的层高为 2630mm。对于吊顶我们可做简单造型，配以金属吊灯，强调美式氛围。现代美式风格相对传统美式更加年轻化，强调简洁、明晰的线条和优雅、得体有度的装饰，因此在墙面材质上我们可以选择纯色蚕丝壁纸。在第二块区域的鞋柜，第一层高度设置为 920mm，符合人体工程学要求，中间 400mm 的架空可供放置钥匙等小物件，第二层高度为 940mm，柜门可设计成百叶门形式，以保证通风，可参考图 2-3-9。

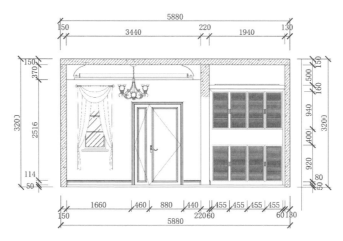

图 2-3-9　玄关立面图

七、练一练

1. 玄关的常见形式分别适合哪些户型？

2. 玄关区域中可以摆放哪些家具来满足玄关的不同功能？

3. 在绘制平面布置图与立面图时需要注意哪些玄关设计原则？

4. 尝试画一画玄关的地面铺装图与顶棚装饰图。

任务四 制作玄关装饰材料分析表

一、任务描述

1. 此次任务要求学生以小组为单位,根据任务三完成的平面布置图、立面图,结合客户需求,分析客厅装修所需装饰材料。

2. 各小组通过上网搜索、市场调研等方式,了解客厅常见装饰材料的特性,采集客厅常见装饰材料信息,比较同类型材料之间的优缺点,并制作完成材料分析表(表2-4-1)。最后各小组确定选材,展示成果。

表2-4-1 现代美式玄关材料分析表

区域分布	材料名称	吸水率	防滑性	光泽度	耐脏性	耐磨性	平整度	规格	价位	是否合适
玄关地面	抛光砖									
	仿古砖									
	花砖									
	水刀拼花									
玄关顶面	材料名称	优点				缺点				是否合适
	纸面石膏板									
	无纸面石膏板									
	装饰石膏板									
	石膏空心条板									
	纤维石膏板									
	植物秸秆纸面石膏板									

续　表

玄关墙面	材料名称	环保性能	价格	普及率	施工难易	施工周期	对墙的保护	保养	是否合适
	纯色纸类墙纸								
	有色乳胶漆								
入门柜体	材料名称	环保性能	强度	稳定性	吸水膨胀	握钉力	用途	其他优缺点	是否合适
	生态板								
	实木板								
	多层实木板								
	实木颗粒板								
	密度板								
	细木工板								

3. 教师检验成果、点评，指出方案的不足之处。

二、任务目标

1. 学生能依据平面布置图、立面图，结合客厅常见材料的特性，确定客厅各区域所需装饰材料。

2. 通过制作材料分析表，学生能准确说出各材料的优缺点。

3. 通过小组合作，互帮互助，共同完成任务，培养学生团结协作精神。

4. 通过自主学习，培养学生自主探究和分析问题的能力。

三、任务学时安排

4课时

四、任务基本程序

1. 分组。按班级学生的能力和特长进行合理分组,每组4~5人,并推选一人担任组长。

2. 明确本次任务的要求。在充分了解和分析本次任务要求的基础上各小组组内合理分工,搜集、查阅相关资料,完成材料信息采集。

3. 分析各装饰材料属性、功能、价格等优缺点,与同类型材料做比较,完成材料分析表,得出结论。

4. 汇报展示。各小组在课堂上汇报所搜集的材料,展示分析成果。

五、任务评价

完成任务后,请结合任务的完成情况进行评价,并填写任务评价表(表2-4-2)。

表2-4-2　任务评价表

(单位:分)

评分内容	评价关键点	分值	自评分	小组互评	教师评分
装饰材料相关资料搜集情况	1. 得出玄关装饰材料区块分布	15			
	2. 完整列出玄关各区块所需材料清单(需了解施工工艺)	35			
材料数据比较表格完成情况	1. 准确完成各装饰材料属性分析	20			
	2. 数据比对正确,制成材料分析表	20			
	3. 选材结论分析	10			
合计		100			

六、知识链接

(一)玄关装饰材料及属性

1. 玄关地面

玄关是人们进出门的必经之地,是人们从室外进入大门后的第一个空间。因此,玄关的设计至关重要,而我们要选择耐磨、易于清理的材料打造玄关地面。

(1)抛光砖

我们在上一节内容中已经对抛光砖的属性做了具体分析,那么抛光砖是不是玄关地面的一种合适的材料呢? 抛光砖相对耐脏、容易清理,样式也比较简单,通常用来做地面边线或其他造型,在大空间玄关中可以考虑作为玄关地面(如图2-4-1),但是对于小空间玄关来说,抛光砖没法造边线,而且抛光砖一般尺寸稍大,在玄关地面进行切割容易影响整体美观(如图2-4-2)。

图2-4-1　抛光砖造边线地面[①]　　图2-4-2　抛光砖地面[②]

(2)仿古砖

在上节内容中,我们介绍了仿古砖的属性。这节课我们来分析仿古砖是否适合用于其他装修风格。仿古砖大多为瓷质砖,烧成温度高于1200℃,产品吸水率在0.5%以下,是艺术砖与瓷质砖的完美结合。仿古砖比较古典,可以使装修

---

① 抛光砖造边线地面.2019-01-04,http://m.jia.com/zixun/gfh/670391.html?source=kg。

② 抛光砖地面.2019-01-04,http://m.jia.com/zixun/gfh/670391.html?source=kg。

比较有情调、上档次，非常适合现代美式风格。仿古砖以其光泽柔和、色彩丰富、质感细腻、风格古朴的装饰效果和防滑易清洁的特点，越来越受到设计者和消费者的青睐。瓷质仿古砖可采用滚筒印花、干法施釉和半抛等先进工艺，形成了咖啡时光、天籁之音、油画年代、一木空间等一系列产品，涵盖了仿石、仿岩、仿木、仿布、仿皮、仿金属等各种纹理特征（如图2-4-3）。同时，仿古砖的踩踏感舒适、温暖，给人质朴和厚重的感觉。

图2-4-3 仿古砖地面①

（3）花砖

也叫手工水泥花砖，工序上与瓷砖不同，不使用陶土，不施釉料，无需烧窑。花砖采用湿造的方法，制作完成后将水泥花砖放在室外晾干，再进行包装。水泥花砖共有三层结构，分别为表面色料层、中间致密层和底部承压结构层。色料层比瓷砖的釉面更厚，因此花砖的颜色才能随着时间变得越来越厚重。花砖的吸水率一般在0.5%左右，因此，铺完以后需要上一层防水层，使其更耐脏。手工水泥花砖环保、耐高温、不易开裂、不易褪色，其色泽可谓经久不衰。其尺寸以200*200*16mm的规格最为常见，也有300*300*16mm、100*100*16mm等规格。水泥花砖图案繁多、色彩绚丽，散发着浓厚的摩洛哥风格。因要符合使用人群的文化水平和审美，在国内市场流通的水泥花砖偏优雅、清新，风格偏复古（如图2-4-4）。

---

① 仿古砖地面.2018-07-01,https://m.sohu.com/a/238681515_99897240。

图2-4-4　花砖地面①

（4）水刀拼花

水刀拼花利用超高压技术把普通的自来水压加到250～400MPa，再通过内孔直径为0.15～0.35mm的宝石喷嘴喷射形成速度为800～1000m/s的高速射流，加入适量的磨料来切割石等原材料做成各种不同的图案造型。市面上常见的石材水刀拼花是利用水刀将各种颜色的石材切割所需造型，再用胶水拼接而成，图案丰富的，在家庭装修中，较多用于玄关和餐厅（如图2-4-5）。

图2-4-5　水刀拼花地面②

---

① 花砖地面.2017-07-14,http://www.6665.com/thread-4297431-1-1.html。

② 水刀拼花地面.2016-12-16,https://zixun.jia.com/article/427655.html。

根据导读内容,这次设计任务的风格是现代美式风格,这种风格强调简洁、明晰的直线条,优雅、得体、有度的装饰,以白色或原木色淡色系为主。因此仿古砖的色调比较适合美式风格的搭配,可以加上斜铺或者拼色铺的方法,让气氛显得更加活泼,适合年轻人群,亦或是采用花砖,更显复古特色。

2. 玄关顶面

由于玄关的空间比较小,吊顶不宜做得太复杂。本案例中的客户要求为现代美式风格,因此,吊顶应注重线条简洁、优美,以白色为主,显现出一种低调的奢华。在家装中,我们较多使用石膏板来做吊顶的主要材料。用石膏线收边,搭配灯具,造型虽然简单,也不失气派(如图2-4-6)。也可以选择四周吊顶加藏灯、中间留平的设计(如图2-4-7)。

图2-4-6　现代美式玄关吊顶[①]　　　图2-4-7　四周吊顶加藏灯吊顶[②]

石膏板在吊顶装修中十分常见,不同类型的石膏板的使用范围和作用都不相同。石膏板分为纸面石膏板、无纸面石膏板、装饰石膏板、石膏空心条板、纤维石膏板和植物秸秆纸面石膏板。

(1)纸面石膏板

纸面石膏板是以石膏料浆为夹芯,两面用纸做护面而成的一种轻质板材。

---

① 现代美式玄关吊顶.2018-07-28,https://www.sjq315.com/works/290333.html。
② 四周吊顶加藏灯吊顶.2020-01-13,http://www.hx116.com/html/news-125347.html。

纸面石膏板质地轻、强度高、防火、防蛀、易于加工。普通纸面石膏板多用于内墙、隔墙和吊顶。如果纸面石膏板要用于厨房、卫生间等湿度较大空间的墙面衬板，必须经过防火处理。

（2）无纸面石膏板

无纸面石膏板是一种性能优越的代木板材，是以建筑石膏粉为主要原料、以各种纤维为增强材料的一种新型建筑板材。它是继纸面石膏板取得广泛应用后，又一次得到成功开发的新产品。由于表面省去了护面纸板，因此，它的应用范围更大，综合性能也更强。

（3）装饰石膏板

装饰石膏板是以建筑石膏为主要原料，掺加少量纤维材料等制成的，有多种图案、花饰（如图2-4-8）。主要类型有石膏印花板、穿孔吊顶板、石膏浮雕吊顶板、纸面石膏饰面装饰板等。装饰石膏板适用于中高档装饰，具有轻质、防火、防潮、易加工、安装简单等特点。特别是新型树脂仿型饰面防水石膏板，其板面覆以树脂，饰面仿型化纹，图案逼真、新颖大方，板材强度高、耐污染、易清洗，可用于装饰墙面、作护墙板及踢脚板，是代替天然石材和水磨石的理想材料。

图2-4-8 装饰石膏板[1]

---

[1] 装饰石膏板.2018-08-06,https://www.maigoo.com/goomai/142565.html。

（4）石膏空心条板

石膏空心条板是以建筑石膏为主要原料，掺加适量轻质填充料或纤维材料后加工而成的一种空心板材。这种板材不用纸和粘结剂，安装时不用龙骨，是发展比较快的一种轻质板材，主要用于内墙和隔墙。

（5）纤维石膏板

纤维石膏板是以建筑石膏为主要原料，并掺入适量纤维增强材料制成的板材。这种板材的抗弯强度高于纸面石膏板，可用于内墙和隔墙，也可代替木材制作家具。

（6）植物秸秆纸面石膏板

不同于普通纸面石膏板，它以植物秸秆为原料，既解决了环保问题，又增加了农民的收入，同时减轻了石膏板的重量，降低了运输成本，更重要的是减少了30%～45%的煤电消耗。

3. 玄关墙面

玄关除了是房子的出入口，也是方便人们换鞋的地方。鞋柜可能会占用一大部分的墙面，所以玄关墙面的设计要尽量简约，不可以过于繁复，墙面可以刷白色或者其他纯色，贴纯色墙纸也是不错的选择，另外再做一些简单装饰即可。现代美式风格尤其崇尚自然大方，不可复杂夸张。

（1）纯色纸类墙纸

纸类墙纸是以纸为基材，印花后压花而成的墙纸，其材质分为原生木浆纸和再生纸（图2-4-9）。原生木浆纸是以原生木浆为原料，经打浆成型、表面印花而成的。其特点是韧性相对较好，表面相对光滑，单平米的比重相对较重。再生纸以可回收物为原材料，经打浆、过滤、净化处理而成。该纸类韧性相对比较弱，表面多为发泡或半发泡型，单平米的比重相对比较轻。它的优点是环保、花色自然大方、无异味；它的缺点是收缩性较大、强度差，导致贴在墙上的墙纸容易显现出缝隙，容易掉颜色，不耐水，不适合潮湿的环境。

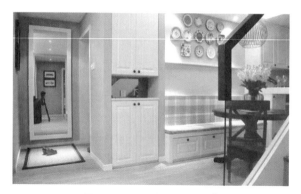

图 2-4-9　纯色纸类墙纸[1]

(2)有色乳胶漆

有色乳胶漆在当下十分受欢迎。人们或许觉得墙纸太花哨,白墙又太单调,这时有色乳胶漆对他们来说是一种很好的选择(如图2-4-10)。同等质量的乳胶漆,有色的要比白色的成本高很多。乳胶漆本身是白色的,加色浆调色后才形成有色乳胶漆,一般颜色越深价格越高。但是随着时间的推移,乳胶漆墙面颜色会因为日照等因素褪色,再加上原始墙面的碱性较高,会破坏漆膜中的颜色,原本深色的涂料后期可能出现粉化现象。

以上两种不同材质的墙面装饰材料,虽然所呈现出来的视觉效果大致相同,但是各方面性能有较大差别。什么材料能满足客户的需求,我们需要分析比较后才能得出结论。

图2-4-10　有色乳胶漆墙面[2]

---

① 纯色纸类墙面.2017-12-01,https://sh.news.fang.com/open/27266124.html。
② 有色乳胶漆墙面.2018-10-09,https://m.sohu.com/a/258377085_100191623。

4. 玄关柜体

(1)生态板

生态板也叫免漆板或三聚氰胺板。广义上生态板等同于三聚氰胺贴面板,其全称是"三聚氰胺浸渍胶膜纸饰面人造板"。它是将带有不同颜色或纹理的纸,放入生态板树脂胶粘剂中浸泡,然后干燥到一定固化程度,将其铺装在刨花板、防潮板、中密度纤维板、胶合板、细木工板或其他硬质纤维板表面,经热压而成的装饰板;狭义上的生态板,仅仅指中间所用基材为拼接实木的三聚氰胺饰面板,主要使用在橱柜、衣柜、卫浴柜等领域(如图2-4-11)。这种板材因色泽鲜明而可以任意仿制各种图案,因表面光洁而可以用作各种人造板和木材的贴面,因双面膨胀系数相同而不易变形、耐热性好、硬度大、耐磨、容易维护清洗。它的缺点是耐化学品性一般,只能抵抗一般的酸、碱、油脂及酒精灯溶剂的磨蚀。

图2-4-11 玄关生态板柜体①

(2)实木板

实木板就是采用完整的木材(原木)制成的木板材。实木板板材坚固耐用、纹路自然,大都具有天然木材特有的芳香,具有较好的吸湿性和透气性,有益于人体健康,不造成环境污染。但由于实木板材造价高,施工工艺要求高,因此在装修中用的不多。目前,除了地板和门扇会使用实木板以外,其他基本都是使用人造板。

---

① 玄关生态板柜体.2019-11-23,http://www.hasegawa-patlaw.com/?News/wyxw/show_1171.html。

（3）多层实木板

多层实木板由三层或者多层的单板、薄板经过木板胶贴、高温高压制造而成。其主要基材是纵横交错排列的多层胶合板，辅以高分子环保胶水，表面以优质实木贴皮为面料，再经过冷压、热压、砂光、养生等数道工序制作而成（如图2-4-12）。由于多层实木板在压制过程中用单板纵横交错胶合、高温高压压制，因而具备了结构稳定、不易变形、强度大、内在质量好、平整度好、稳固性强等优点。而且在生产过程中使用了高分子胶水，经过高温高压、PVC四周封边，减少了粘合剂的使用，降低了甲醛含量，更加绿色环保。它的缺点是价格比密度板和其他板材要高。

图2-4-12　玄关多层实木板柜体[①]　　图2-4-13　玄关实木颗粒板柜体[②]

（4）实木颗粒板

实木颗粒板是以刨花板工艺生产的板材，是刨花板的"升级版"（如图2-4-13）。实木颗粒板是将各种枝丫、小径木、速生木材等基材，切削、制备成一定规格的木片，然后将干燥后的木片拌以无醛胶粘剂、硬化剂、防水剂等，经高温、高压压制而成的一种人造板。因其剖面类似颗粒状，所以被称为实木颗粒板。

---

① 玄关多层实木板柜体.2018-11-11, https://new.qq.com/omn/20181111/20181111B0B7K2.html。
② 玄关实木颗粒板柜体.2018-11-11, https://new.qq.com/omn/20181111/20181111B0B7K2.html。

（5）密度板

密度板是做衣柜的常用板材,也叫纤维板。根据密度的不同,密度板可分为高密度板、中密度板、低密度板。目前,市面上使用的主要是中密度板,也就是我们常说的中纤维板。密度板的优点是表面平整、光滑,容易进行涂饰加工和胶粘,各种木皮、胶纸薄膜、饰面板等材料均可胶贴在密度板表面。但密度板的内部是原木磨成的纤维,比实木颗粒板稍差,且吸水性较强、厚度膨胀率较高。更重要的是,密度板在制作过程中使用大量胶粘剂,其粉末状纤维压制后很难释放出来,因此环保要求得不到保证(如图2-4-14)。

2-4-14 玄关密度板柜体①

（6）细木工板

细木工板是在胶合板生产的基础上,以木板条拼接或用空心板做芯板,两面覆盖两层或多层胶合板,经胶压制成的一种特殊胶合板。细木工板被广泛应用于家具、缝纫机台板、车厢、船舶等。细木工板的工艺要求很高,不仅需要足够的场地,让木材有充足的时间进行适应性自然干燥,而且还要通过干燥窑,进行严格的干燥工艺控制。细木工板具有握钉力好、强度高、质坚、吸声、绝热等优点。

玄关柜体的选材,主要考虑板材的环保指标。目前,市场上E0级的板材环保指标要远高于E1级环保板材。玄关的柜体可以由装修公司师傅制作,再配上

---

① 玄关密度板柜体.2018-06-11,https://www.sohu.com/a/235088069_769179。

柜门,或者直接选择整体衣柜的品牌定制。除了环保性,还要考虑与整体装修风格的契合度,因此需要仔细选择玄关柜体材料。

七、练一练

1. 制作完成玄关材料分析表。

2. 玄关设计中还可以使用其他材料吗？说说其他材料和石膏板是如何结合使用的,效果如何？

任务五　玄关装修预算

一、任务描述

1. 此次任务要求学生以小组为单位,在熟悉各装饰材料属性的基础上,了解做装修预算的步骤,并学会编制装修预算表(表2-5-1)。

2. 教师检验,讲解在编制预算表中的注意事项。

表2-5-1　玄关装修预算表

项目二:现代美式玄关									
序号	项目名称	单位	数量	主材	辅材	人工	损耗	单价	金额(元)	工艺做法及材料说明
1									
2									
3									
4									
	总金额								

二、任务目标

1. 学生能正确掌握装修预算的步骤。

2. 学生能运用主材、辅材、损耗等数据,完成装修预算表。

3. 组内成员相互帮助,锻炼团队合作和协调沟通能力。

三、任务学时安排

4课时

四、任务基本程序

1. 小组分组。按班级学生的能力和特长进行合理分组,每组4～5人,并推选一人担任组长。

2. 明确本次任务的要求。在充分了解和分析本次任务要求的基础上,各小组组内合理分工,进行市场调研和分析。

3. 组内制作完成玄关装修材料预算表。

4. 汇报展示。教师检验,提出问题及建议。

五、任务评价

完成任务后,请结合任务的完成情况进行评价,并填写任务评价表(表2-5-2)。

表2-5-2　任务评价表

(单位:分)

评分内容	评价关键点	分值	自评分	小组互评	教师评分
装饰材料相关资料搜集情况	1. 能正确区分玄关相关装修材料(主材/辅材)	10			
	2. 能正确填写玄关相关装修材料规格及价格	15			
	3. 各项目人工费及材料损耗量(清楚损耗原因)计算准确	25			
装修预算表完成情况	1. 装修预算表格式正确	10			
	2. 装修预算表各数据填写准确	20			
	3. 合理完成预算	10			
合计		100			

六、知识链接

(一)装修形式类别

在客厅项目中,电视柜的材料并没有纳入我们的预算项目中,而这次的玄关项目,我们将入口整体衣柜的材料纳入了预算清单,我们需要了解一下原因。根据客户的需求,装修方式可分为全包、半包和清包。

1. 全包

全包也叫包工包料,即所有材料采购和施工均由施工方负责。其优点是业主省心省力,只要适时与施工方沟通,监督工程的进度和质量,设计、施工、选材都由同一间公司代劳,最终呈现的效果也会更完整,风格更统一。缺点是业务耗费财力,业主缺少参与感,也容易被施工方用劣质材料欺骗。

2. 半包

半包也叫清工辅料,即包含所有人工费和基材。包括以下几个部分:

(1)水电改造工程

水电改造工程指所有水电线管的安装铺设,材料包括强弱电线、水管、三通穿线管、底盒及锁扣等。

(2)瓦工施工工程

该工程包括客厅、厨房、卫生间、阳台地墙砖、地砖铺设,卧室找平处理,卫生间防水,厨房卫生间包立管等。其材料包含水泥、沙子、防水涂料、红砖等。

(3)木工施工工程

木工施工工程指客厅、餐厅、背景墙造型。其材料包含背景墙、吊顶造型、石膏线、窗帘滑道等。

(4)油工施工工程

油工施工工程指墙面顶面处理,铲除工业大白。其材料包含界面剂、抗菌宝、抗裂宝、砂纸、乳胶漆等。

(5)安装部分

安装部分包含灯具、开关插座、普通洁具、五金件安装等。

(6)保护部分

保护部分包含对现场门窗、成品的保护,日常清洁,垃圾清理,临时设施,基础材料搬运等。

这种方式的优点是,业主可以掌握主动权,自己购买建材也放心,设计交给装修公司,业主也有更多时间了解建材。由于有设计公司完整的设计,装修中就能清楚材料的种类和数量,只要预算透明,一一列出材料的品牌、款式、价格、数量、等级,业主也能对材料的质量进行有效监督。

3. 清包

清包也叫清包工或者包清工,是业主自行购买所有材料,找装修公司或装修队伍来施工的一种工程承包方式。由于材料种类繁多,价格相差很大,有些业主担心有人从中获利,所以会选择采用这种自己买材料、只包清工的装修形式。这种形式让业主掌握了最大的主动权,可以让所有事情都在自己的监督控制下,让人比较放心。业主自行购买的材料也能体现自己的个性,让材料符合自己的生活习惯,价格更经济,也能避免上当受骗。但是这种方式需要业主投入大量时间和精力,也需要业主对材料和行情都相当了解,因此很少有人会采用这种方式。

在平时的装修中,大部分人会采用半包的装修形式。那么,这时候可以像客厅电视机柜一样,直接购买成品柜体,或者由木工师傅制作完成整个柜子,或者由装修工人制作完成柜体,再配上定制的柜门。一般来说,定制的柜门在美观程度上要胜于木工师傅手工制作的柜门。因此,现代美式玄关项目中,入门柜体材料将被放入材料预算清单。

(二)制作现代美式玄关材料预算表

1. 确定选材

根据任务四,确定选材,完成表2-5-3。

表2-5-3　玄关材料表

项目二:现代美式玄关		
区域划分	简介	材料
地面	仿古砖500×500铺设	仿古砖
顶面	木材结合石膏板吊顶	石膏板
		石膏线
		顶面腻子
		顶面乳胶漆
墙面	其他部分墙面	彩色乳胶漆
	入门整体式衣柜鞋柜(不含柜门)	多层实木板

2. 填写项目名称

将确定的材料填入表2-5-4中,并根据材料特点填写单位。

表2-5-4　玄关材料预算步骤表Ⅰ

序号	项目名称	单位	数量	主材	辅材	人工	损耗	单价	金额(元)	工艺做法及材料说明
1	仿古砖(500×500)	m²								
2	石膏板直线造型吊顶	m²								
3	顶面腻子	m²								
4	顶面乳胶漆	m²								
5	墙面腻子	m²								
6	墙面彩色乳胶漆	m²								
7	整体式玄关柜	m²								
8	成品踢脚线	m								
9	门	扇								
10	门套	m								
	总金额									

3. 确定价格

通过查阅资料或者市场调研,可以得到500*500仿古砖、石膏板等各类材料的价格以及人工费用。同时,我们还需要明确损耗范围。根据项目三中完成的平面图(图2-5-1),在部分区域仿古砖斜铺时的损耗比平铺时要大。填写完成数量、主材、辅材、人工和损耗部分(见表2-5-5)。

表2-5-5　玄关材料预算步骤表Ⅱ

序号	项目名称	单位	数量	主材	辅材	人工	损耗	单价	金额(元)	工艺做法及材料说明
1	仿古砖(500×500)	m²		150	20	35	7%			

序号	项目名称	单位	数量	主材	辅材	人工	损耗	单价	金额（元）	工艺做法及材料说明
\multicolumn{11}{c}{项目二：现代美式玄关}
2	石膏板直线造型吊顶	m²		30	20	50	5%			
3	顶面腻子	m²		9	0.8	8.5	5%			
4	顶面乳胶漆	m²		6	1	8.5	5%			
5	墙面腻子	m²		8	0.8	6.5	5%			
6	墙面彩色乳胶漆	m²		10	1	6.5	5%			
7	整体式玄关柜	m²		220	35	50	5%			
8	成品踢脚线	m		15	1.2	5.5	5%			
9	门	扇								
10	门套	m		180	2	5	5%			
	总金额									

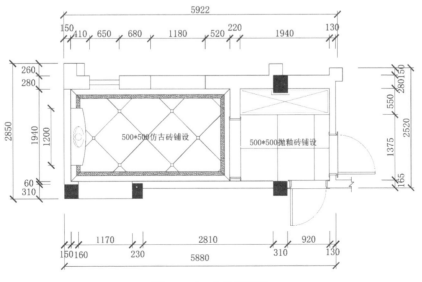

图2-5-1　玄关平面图

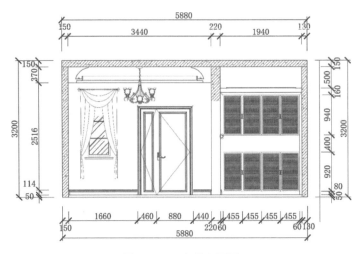

图 2-5-2　玄关立面图

4. 计算

根据项目三的平面图和立面图(图 2-5-1、图 2-5-2),可计算得出相关部分的面积、长度等数据。玄关部分长为 5.38m,宽为 1.94m,玄关地面和顶面面积 = 长 × 宽 = 5.38 × 1.94 = 10.4m²,除去吊顶和地面后的层高为 2.63m,墙面面积 = (5.38 + 1.94) × 2 × 2.63 = 38.5m²。这是比较笼统的算法,这里讲到的墙面面积包含了门窗等面积,市面上很多装修公司在计算时一般不会扣除门窗面积,或者按照一半面积来计算。但是如果要算精确的刷墙面积,我们还是需要减去门窗的面积。尤其是这个玄关项目,包含了一面墙的柜子,另一面墙包含了门套,门窗及柜体占了很大一部分的墙面,所以我们需要精确计算每一面墙的面积,最终得到的墙面总面积大约为 16.5m²。

单价 = 主材 + 辅材 + 人工 + (主材 × 损耗);金额 = 单价 × 数量

以地面仿古砖为例,单价 = 150 + 20 + 35 + (150 × 7%) = 215.5 元/m²;金额 = 215.5 × 10.4 = 2241.2 元。

按照以上公式我们便可计算得出各项金额,再相加求得总价。如有需要,可以在最后一列加上工艺做法及材料说明,这样便基本完成了玄关的装修材料预算表(如表 2-5-6)。

表2-5-6 玄关装修材料预算表

序号	项目名称	单位	数量	主材	辅材	人工	损耗	单价	金额（元）	工艺做法及材料说明
项目二:现代美式玄关										
1	仿古砖（500×500）	m²	10.4	150	20	35	7%	215.5	2241.2	材料含水泥、河沙
2	石膏板直线造型吊顶	m²	10.4	30	20	50	5%	101.5	1055.6	材料含木龙骨、纸面石膏板、防火涂料、辅料等 工艺流程:刷防火涂料,找水平,钢膨胀固定,300*300龙骨格栅,封板
3	顶面腻子	m²	10.4	9	0.8	8.5	5%	18.75	195.0	材料含乳胶漆、石膏粉、腻子、胶水
4	顶面乳胶漆	m²	10.4	6	1	8.5	5%	15.8	164.3	工艺流程:清扫基层,刮腻子四遍,找平,找磨,专用底漆一遍,面漆两遍
5	墙面腻子	m²	16.5	8	0.8	6.5	5%	15.7	259.1	材料含乳胶漆、色浆、石膏粉、腻子、胶水
6	墙面彩色乳胶漆	m²	16.5	10	1	6.5	5%	18	297.0	工艺流程:清扫基层,刮腻子四遍,找平,找磨,专用底漆一遍,乳胶漆掉色,面漆两遍
7	整体式玄关柜	m²	4.1	220	35	50	5%	316	1295.6	夹板饰面,木工板基层,实木收边,门片定制
8	成品踢脚线	m	12.1	15	1.2	5.5	5%	22.45	271.6	成品踢脚线
9	门	扇	3					2500	7500.0	成品定制木门
10	门套	m	15.2	180	2	5	5%	196	2979.2	单层木工板、饰面板
总金额			16258.6							

七、练一练

1. 制作完成玄关装修材料预算表。

2. 一般装修公司是如何计算墙面面积的？如果按照市面上装修公司的做法,这个项目的墙面面积应该怎么算？

3. 试着算一算,相同面积的地面,采用平铺和斜铺,地砖的损耗情况如何？

项目三

北欧风格餐厅设计

 项目导读

　　此案建筑面积约为120m²(如图3-0-1),为自建房,装修预算35万元左右。户主是一对年轻夫妇,喜欢北欧的装修风格。

　　户主刚从国外留学归来,夫妇二人交友甚多,喜欢热闹,需要一个具有开放性和流动性的客餐厅供娱乐、用餐使用。妻子沈女士平时喜欢做西餐,故希望有一个开放式厨房,将厨房与餐厅融合,形成一体化的空间。因家中常备多种食材,需要一个较大的双开门冰箱。另外,由于自建房户型局限,业主希望减少空间中不必要的块面,达到视觉统一明快,整体简洁大方又不失高雅的设计效果。

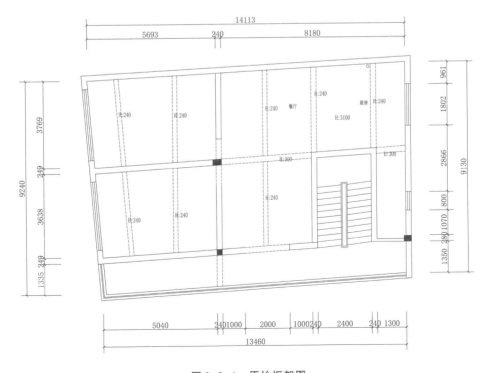

图3-0-1　原始框架图

项目实施

任务一　制作"走进北欧国家"展板

一、任务描述

1. 做一做。学生以小组为单位,分别选择一个北欧国家,通过网络、书籍等渠道了解该国的自然地理、人文、经济、生活、民族等发展状况,制作介绍该国的展板,在课堂上展示。

2. 议一议。学生在了解北欧国家基本情况的基础上,讨论北欧地区的自然地理风貌以及人文经济环境对北欧家居风格形成和发展的影响。

3. 思一思。北欧被誉为世界上最环保、最幸福的地区,学生通过网络、书籍等渠道搜集、查阅北欧国家的环保政策和措施,结合我国的绿色发展理念,思考北欧的环保治理经验对我国"建设美丽中国"有哪些借鉴意义。

二、任务目标

1. 学生通过制作展板,充分认识北欧地区的自然与人文特点,丰富知识,开阔见识,为更好地理解北欧风格打好基础。

2. 学生通过了解北欧地区自然地理风貌和人文环境,寻找北欧风格的发展根源所在。

3. 学生通过了解北欧国家的环保治理经验,学习其对我国室内设计环保用材的借鉴意义,养成环保意识。

三、任务学时安排

1课时

四、任务基本程序

1. 分组。按班级学生的能力和特长进行合理分组,共分为5组,并推选一人担任组长,每组选择一个北欧国家展开展板制作任务。

2.明确本次任务的要求。在充分了解和分析本次任务要求的基础上,各小组组内合理分工,搜集、查阅相关资料。

3.课上展示介绍、讨论、分享建议。

五、任务评价

完成任务后,请结合任务的完成情况进行评价,并填写任务评价表(表3-1-1)。

表3-1-1　任务评价表

单位:分

评分内容	评价关键点	分值	自评分	小组互评	教师评分
"做一做"	1.对该国的介绍内容丰富详实	10			
	2.展板设计精致、有特色	20			
"议一议"	1.发言积极踊跃	10			
	2.发言内容切题、言之有物	20			
"思一思"	1.所提建议贴切、合理	20			
	2.有自己的观点、见解	20			
合计		100			

六、知识链接

(一)北欧地区概况

北欧又称北欧五国,是丹麦、瑞典、挪威、芬兰、冰岛及其附属领土法罗群岛、奥兰群岛和斯瓦尔巴群岛的统称。北欧五国都是经济实力强大的发达国家,普遍实行高福利制度,被誉为全世界最幸福的地区。

总体而言,除斯堪的纳维亚山海拔较高外,北欧地区地势比较低平。气候方面,北欧位于高纬度地区,北极圈从北欧的北部地区穿过,跨温带、亚寒带和寒带。本来这一纬度地区十分寒冷,但由于北欧地区地处亚欧大陆西部,西临大西洋,常年受到来自海洋的温暖湿润的盛行西风带以及北大西洋暖流的影响,使得北欧地区的年均气温要高于同纬度的西伯利亚地区。北欧人口较为集中的南部地区属于温带海洋性气候,是比较宜居的,而中北部地区人口稀少,气温较低,并不适合人类大规模居住。

1. 童话王国——丹麦

丹麦北隔北海和波罗的海与瑞典和挪威相望,南与德国接壤,其首都兼第一大城市是哥本哈根。丹麦是一个高度发达的资本主义国家,拥有完善的社会福利制度。

文化方面,丹麦历史上大师辈出,哥本哈根学派创始人、诺贝尔物理学奖得主尼尔斯·玻尔,电磁效应的发现者汉斯·克里斯蒂安·奥斯特,存在主义之父索伦·奥贝·克尔凯郭尔,等等。其中,最为人所熟知的就是童话巨匠——汉斯·克里斯汀·安徒生,其创作的作品享誉全球。丹麦的高等教育水平世界领先,拥有综合实力常年位居北欧之首且有500多年悠久历史的哥本哈根大学、欧洲顶尖工科大学——丹麦科技大学、欧洲最优秀的商学院之一——哥本哈根商学院等。

2. 万岛之国——挪威

挪威位于斯堪的纳维亚半岛西部,东临瑞典,南邻丹麦,部分国土与芬兰、俄罗斯接壤,首都为奥斯陆。挪威国土南北狭长,海岸线漫长曲折,被称为"万岛之国",有我们所熟悉的著名的挪威峡湾。挪威经济高度依赖石油,其国民生产总值(GDP)大约1/4来自石油工业。除中东地区外,其人均原油、天然气生产量居世界第一。

文化方面,挪威历史上涌现了许多著名作家,其中最为我们所熟知的便是《玩偶之家》的作者亨利克·约翰·易卜生。与易卜生同时期的挪威作家还有诺贝尔文学奖得主——比昂斯滕·比昂松、亚历山大·兰格·谢朗以及约纳斯·李,这四位被称为"挪威文学四杰"。

3. 世界上拥有跨国公司最多的国家——瑞典

瑞典西邻挪威,东北与芬兰接壤,西南濒临斯卡格拉克海峡和卡特加特海峡,东边为波罗的海与波的尼亚湾,是北欧最大的国家,总面积约45万平方米。

瑞典经济高度发达,是全世界拥有跨国公司最多的国家,人们所熟知的宜家公司、爱立信公司、H&M公司、IBM公司、北欧银行、萨博集团、斯堪斯卡公司等众多世界知名企业的总部均设在瑞典。

文化方面,瑞典诞生了众多伟大的音乐家、演员、科学家、作家,其中最值得一提的就是瑞典著名化学家、硝化甘油炸药发明人——阿尔弗雷德·贝恩哈德·诺贝尔了。根据诺贝尔1895年的遗嘱而设立的五个奖项(物理学奖、化学奖、和平奖、生理学或医学奖、文学奖),旨在表彰在物理学、化学、和平、生理学或医学以及文学上"对人类做出最大贡献"的人士。瑞典中央银行于1968年增设诺贝尔经济学奖,用于表彰在经济学领域做出杰出贡献的人。瑞典还拥有许多世界顶级大学,例如欧洲顶尖的理工学院之一——瑞典皇家理工学院、瑞典皇家音乐学院、瑞典皇家美术学院,等等。

4. 千湖之国——芬兰

芬兰与瑞典、挪威、俄罗斯接壤,南临芬兰湾,西濒波的尼亚湾,首都是赫尔辛基。芬兰号称"千湖之国",境内有湖泊约18.8万个,岛屿约17.9万个。

提到芬兰,就不能不提到诺基亚,在过去十几年诺基亚公司几乎成了芬兰的代名词。诺基亚公司旗下的手机业务,于20世纪90年代一路高歌猛进,自1996年起连续15年占据手机市场份额第一的位置。诺基亚与卡尔蔡司合作推出的N95,使得诺基亚在2007年登上巅峰,芬兰的经济产值也随之登顶;但是在同一年,苹果公司推出了iPhone。芬兰总理亚历山大·斯图布在2014年接受CNBC采访时说:"iPhone杀死了诺基亚,而iPad则杀死了整个造纸产业。"虽然这只是个玩笑,但芬兰经济对诺基亚的依赖可见一斑。

文化教育方面,芬兰提供免费的学前教育、基础教育和高中教育,整体教育水平很高。赫尔辛基大学是芬兰最好的综合性大学,位居全球前100位。

4. 冰火之国——冰岛

冰岛位于大西洋和北冰洋的交汇处,首都雷克雅未克也是冰岛的最大城市。冰岛不但寒冷多雪,还是世界上火山活动最频繁的地区。因此,冰岛又被人们称为"冰与火共存的海岛"。与其他北欧国家相似,冰岛属于高福利国家,社会福利和医疗保险制度十分完善。

说起冰岛的文化,不能不提的是冰岛史诗——《埃达》。"埃达"一词在古斯堪的纳维亚语里的原义是"太姥姥"或"古老传统",后来转化为"神的启示"或"运用智慧"。12世纪末,冰岛诗人斯诺里·斯图拉松从拉丁语Edo一词变化创造出冰岛语单词Edda(埃达),意思是"诗作"或"写诗"。《埃达》是中古时期流传下来的最重要的北欧文学经典,也是在古希腊、罗马以外的西方神话源头之一。《埃达》的内容主要是英雄故事和家族传奇。流传至今的埃达有两部:一是冰岛学者布林约尔夫·斯韦恩松于1643年发现的旧埃达,或称诗体埃达,为手抄本,写作时间在9~13世纪之间;二是新埃达或称散文埃达,由冰岛诗人斯图鲁松(1178—1241年)在13世纪初写成。

(二)北欧风格简介

北欧风格是欧洲北部国家挪威、丹麦、瑞典、芬兰及冰岛的艺术设计风格(主要指室内设计以及工业产品设计),北欧风格起源于斯堪的那维亚地区的设计风格,因此也被称为"斯堪的纳维亚风格"。由于这五个国家靠近北极,气候寒冷,森林资源丰富,因此形成了独特的室内装饰风格,其风格具有简约、自然、人性化的特点。

1. 北欧风格的特点

在处理空间方面北欧风格一般强调室内空间宽敞、内外通透,最大限度地引入自然光。在空间平面设计中追求流畅感。墙面、地面、顶棚以及家具陈设乃至灯具器皿等,均以简洁的造型、纯洁的质地、精细的工艺为其特征。

北欧室内装饰风格常用的材料有石材、玻璃、铁艺等,无一例外地保留着这些材质的原始质感。

在家居色彩的选择上,北欧风格偏爱浅色,如白色、米色、浅木色,常常以白色为主调,再以鲜艳的纯色为点缀,或者以黑白两色为主调,不加入其他任何颜色。其空间给人的感觉是干净、明朗的,绝无杂乱之感。

在窗帘、地毯等软装搭配上,北欧风格偏好棉麻等天然质地。家具是北欧风格家居的主要元素,它的特点是线条简洁、造型别致、做工精细、多用纯色(如图3-1-1)。

图3-1-1 北欧风格家居①

---

① 北欧风格家居.2019-03-27,https://dy.163.com/article/EB9O4IL10520BS5T.html?referFrom=。

2. 北欧风格的成因

北欧风格是随着欧洲现代主义运动发展起来的,属于功能主义的范畴。但是与欧洲其他国家的现代主义设计艺术相比,北欧风格融合了自己的文化特征,并结合了自己的自然环境和设计资源,形成了自己具有人情味的设计艺术语言。譬如,北欧地区地处北极圈附近,气候非常寒冷,有些地方还会出现长达半年之久的极夜。因此,在家居色彩的选择上,北欧人经常会大面积使用鲜艳的纯色。

"Jante Law"是北欧人重要的基本生活观念与不成文的行为规范,其核心可以概括为一句话:不要以为你很特别,不要以为你比我们(指一个集体)优秀。他们轻视任何浮夸的举止以及对物质成就的炫耀。这种观念反映在设计作品中是一种适度呈现的抑制,吸引必要程度的目光,节制范围内所练就的美感,更易显优雅与简洁的特质。另外,在北欧社会,人们贫富差距不大,大部分是中产阶级,社会福利制度相当完善,所以他们的生活方式就体现出平和、富足的状态以及大众化的审美倾向。

七、练一练

1. 请结合北欧国家的地理环境、气候、经济、文化等方面,讲述北欧风格的特点。

任务二　测量、绘制——餐厅家具与人体的关系

一、任务描述

1. 此次任务要求学生以小组为单位,通过查阅资料、测量餐厅中主要家具的尺寸及与人体相关联的尺寸,填写完成表3-2-1,由此分析餐厅家具与人体之间的关系。

2. 通过调查、分析,各小组绘制完成表3-2-1中餐厅主要家具的三视图及主要家具尺寸与人体尺寸之间的关系图,并选派代表进行展示说明。

3. 教师点评,讲解餐厅主要家具与人体尺寸之间的关系。

二、任务目标

1. 学生通过多种渠道的查阅和分析,能说出餐厅主要家具与人体尺寸之间的关系。

2. 学生能准确说出餐厅主要家具的尺寸并绘制三视图。

3. 培养学生的团队协作能力和表达能力。

三、任务学时安排

4课时

四、任务基本程序

1. 分组。按班级学生的能力和特长进行合理分组,每组4~5人,并推选一人担任组长。

2. 明确本次任务的要求。在充分了解本次任务要求的基础上,各小组组内合理分工,搜集、查阅相关资料,并完成本次任务初稿。

3. 完成作业内容。搜集资料进行汇总和分析,填写表3-2-1。

表 3-2-1　餐厅家具分析表

家具类型	家具数值	相关人体数值	具体数值	绘制
餐桌	餐桌长（例）	手肘展开宽度	1500mm	三视图
	餐桌宽			
	餐桌高			
餐椅	坐高			三视图
	坐宽			
	坐深			
	座面倾斜度			
餐边柜	长			无需画图
	宽			
	高			

续　表

家具类型	家具数值	相关人体数值	具体数值	绘制
家具尺寸与人体尺寸间的关系	餐桌与餐椅间的距离关系			关系图
	餐桌与餐边柜间的距离关系			关系图

4. 展示交流。各小组在课堂上共同展示交流此次调查结果,互相查漏补缺、协作学习。

五、任务评价

完成任务后,请结合任务的完成情况进行评价,并填写任务评价表(表3-2-2)。

表3-2-2　任务评价表

(单位:分)

评分内容	评价关键点	分值	自评分	小组互评	教师评分
作业内容	1. 完成并正确填写表格中的内容	20			
	2. 三视图绘制完整	20			
	3. 三视图尺寸标注正确、符合标准	20			
	4. 家具尺寸与人体尺寸之间的关系分析到位	20			
作业展示	1. 三视图绘制清晰、精美	10			
	2. 展示代表仪态大方、表述清晰	10			
合计		100			

六、知识链接

(一)餐厅中的主要家具尺寸

餐厅的功能较为简单,其中最核心的功能就是用餐,其次则是家庭交流及储

藏作用。餐厅中的家具主要是餐桌、餐椅、餐边柜等,可根据餐厅面积和家庭人口数量来选择。餐厅的动线(如图 3-2-1)主要是就餐时人员从厨房到餐厅,或从客厅到餐厅的走动线路。因此,设计师需要在图中这些红色区域留足人员走动空间。

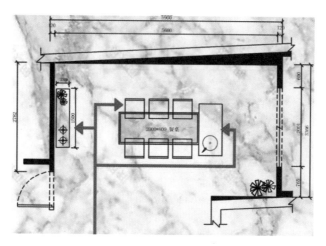

图 3-2-1　餐厅家居动线

1. 常见餐桌尺寸

餐桌与人体动作产生的直接尺度关系以人坐下时的坐骨支撑点(通常称椅坐高)为尺度的基准。一般来说,餐桌大小不超过整个餐厅的 1/3。

(1)桌面高度

桌子的高度与人体动作时的肌体形状有密切的关系。舒适和正确的桌高应该与椅坐高保持一定的尺度配合关系,而这种高差始终是按人体坐高的比例计算的(如图 3-2-2)。

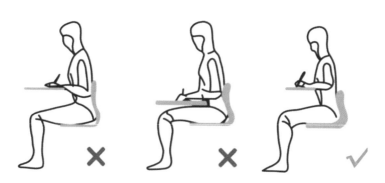

图 3-2-2　桌子高度与人体坐姿

所以,设计桌高的合理方法是先确定椅坐高,再加上桌面和椅面的高差尺寸,便可确定桌高,即桌高＝坐高＋桌椅高差(约1/3坐高)。

在设计中餐桌时,要考虑端碗吃饭的进餐方式,餐桌可高一点;设计西餐桌时,就要讲究用刀叉的进餐方式,餐桌就可低一点;在设计适于盘腿而坐的炕桌时,一般采用320～350mm的高度。

(2)桌面尺寸

对于餐桌这类家具,应以人体占用桌边缘的宽度去考虑桌面的尺寸。舒适的宽度是按700～800mm来计算的,通常也可减缩到600～700mm(如图3-2-3、图3-2-4)。

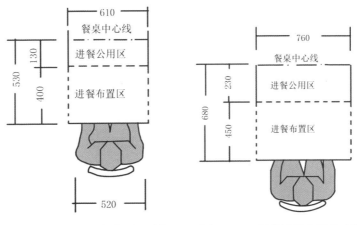

图3-2-3　最小进餐布置尺寸[1]　　图3-2-4　最佳进餐布置尺寸[2]

餐桌一般分为圆形和长方形两种形状。如果是长方形的餐桌,应当优先在长边就坐,相邻餐椅的间隔至少要达到600mm;如果餐桌短边也坐人的话,又可以增加两个坐席。一般四人座长方形餐桌长在1500mm左右,宽在750mm左右(如图3-2-5);六人座长方形餐桌长在1600mm左右,宽在900mm左右(如图3-2-6)。

① 理想·宅:《设计必修课·室内设计与人体工程学》,化学工业出版社2019年版。

② 理想·宅:《设计必修课·室内设计与人体工程学》,化学工业出版社2019年版。

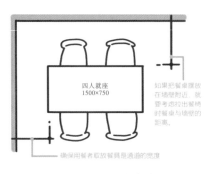

图 3-2-5　四人就座餐桌尺寸

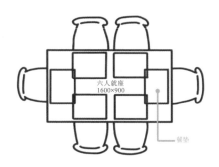

图 3-2-6　六人就座餐桌尺寸

　　现代餐厅设计中,常常会在餐桌旁用到岛台的设计(如图 3-2-7)。岛台可增加厨房的烹饪操作区,优化烹饪流程,方便洗菜、备菜以及生熟菜的分区处理,营造开放式厨房的社交氛围。岛台长度通常为 1200~1400mm,如果要在岛台上布置水槽或灶台,宽度一般在 550~600mm,这样才能把水槽或灶台安装进去,一般可以比餐桌高 200~350mm,这样才便于操作。

图 3-2-7　北欧长方形餐桌带岛台[①]

　　如果是圆形餐桌,则餐桌的用餐人数是基本固定的,只能通过缩小餐椅间距的形式适当增加就餐人数。一般二人圆形餐桌的直径在 600~1800mm,四人桌直径在 2440~2740mm(如图 3-2-8),六人桌直径在 3350~660mm(如图 3-2-9),八人桌直径在 3350~3650mm(如图 3-2-10)。

---

① 诗享家空间设计事务所:北欧长方形餐桌.2018-11-07,http://photo.yidoutang.com/pic-718606.html。

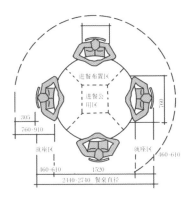

图 3-2-8　四人用餐圆桌
（正式用餐的最佳尺寸圆桌）①

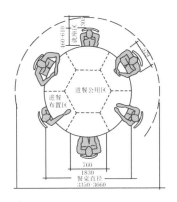

图 3-2-9　六人用餐圆桌
（正式用餐的最佳尺寸圆桌）②

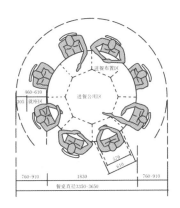

图 3-2-10　八人用餐圆桌（正式用餐的最佳尺寸圆桌）③

在日常生活中,人们有时也会需要其他形状的餐桌,遇到这种情况时,需要根据不同的居室环境做出最优的选择。

（3）桌下净空

为保证下肢能在桌下放置与活动,桌面下的净空高度应高于双腿交叉时的膝高,并使膝部有一定的上下活动余地。所以,餐桌底板不能太低,桌子的下缘与椅坐面至少应有178mm的净空,净空的宽度和深度应可以保证两腿的自由活动和伸展。

① 理想·宅:《设计必修课·室内设计与人体工程学》,化学工业出版社2019年版。
② 理想·宅:《设计必修课·室内设计与人体工程学》,化学工业出版社2019年版。
③ 理想·宅:《设计必修课·室内设计与人体工程学》,化学工业出版社2019年版。

2. 常见餐椅尺寸

椅类家具的尺寸要求大体类似。

(1)坐高

对于有靠背的餐椅,椅面的不同高度是影响坐姿舒服与否的重要因素。因此,适宜的坐高应这样计算:坐高＝小腿窝高＋鞋跟高(25～35mm)。

(2)坐宽

因人在就餐时活动量较大,一般餐椅坐宽需大于380mm才能满足使用功能的需要。餐椅坐宽以自然垂臂的舒适姿态下的肩宽为准。

(3)坐深

人在正常就座情况下,由于腰椎与骨盆之间接近垂直状态,其坐深可以浅一点。而对于一些倾斜度较大、专供休息的靠椅,因坐时人体腰椎与骨盆呈倾斜状态,所以坐深就要略加深,也可将坐面与靠背连成一个曲面(如图3-2-11)。一般来说,餐椅可以选用380mm～420mm的坐深。

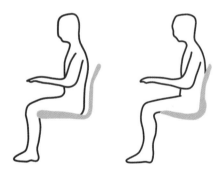

图3-2-11　人体与坐面深度

(4)座面倾斜度

餐椅多采用水平座面,这样能使人体在用餐时重心落于原点趋前,提升用餐体验。如餐椅座面倾斜度过大,则易造成人体起坐时感到吃力。

(5)餐椅与餐桌间的尺寸关系

由于餐椅需要与餐桌配套使用,因此餐椅的座面高与餐桌的桌面高有一定联系。

一般可按照如下公式来确定(单位:cm):

座面高＝身高×0.25－1

桌面高＝身高×0.25－1＋身高×0.183－1

图 3-2-12 北欧餐桌和餐椅[①]

3. 常见餐边柜尺寸

作为临时收纳餐厅杂物或餐具的橱柜,餐边柜的尺寸一般是根据餐厅空间的大小来决定的。餐厅面积的大小直接决定了餐边柜的尺寸以及大致的样式。一般来说,如果餐桌旁边的位置比较宽裕,则可以考虑购买尺寸较大的单一柜,或者选择几个小的餐边柜进行组合。通常餐边柜的深度在 400～600mm,餐边柜不能太深,以免太占空间,并且不便于拿取物品。餐边柜的高度一般为 800mm 左右,如果是高柜,高度可以做到 2000mm 左右,以增加收纳的功能。除了考虑餐边柜的收纳功能之外,还要考虑其装饰效果,以营造餐厅的独特氛围(如图 3-2-13)。

图 3-2-13 北欧餐边柜[②]

① L-JIAN-P:北欧餐桌和餐椅 .2018-05-10,https://huaban.com/pins/1642373754/。
② Cici:北欧餐边柜 .2016-12-27,https://huaban.com/pins/972770527/。

(二)餐厅通行距离关系

人们在用餐环境中所做的活动较少,一般包括上菜、起坐和用餐等。上菜的过程需要一定的通行距离,一般在580mm以上。在起坐的过程中,餐椅会被拉出330mm左右,因此餐椅与墙面需要间隔760～910mm,便于用餐者的起坐(如图3-2-14、图3-2-15)。

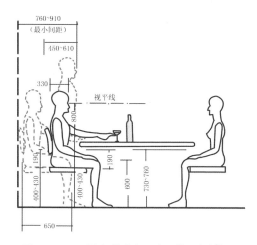

图3-2-14 最小就座间距(不能通行)[1]

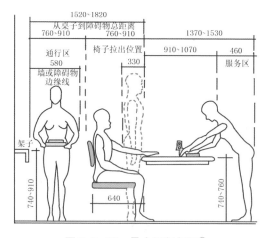

图3-2-15 最小通行间距[2]

---

[1] 理想・宅:《设计必修课・室内设计与人体工程学》,化学工业出版社2019年版。
[2] 理想・宅:《设计必修课・室内设计与人体工程学》,化学工业出版社2019年版。

七、练一练

1. 结合餐桌和餐椅的高度公式,为自己的家庭设计更符合人体工学的桌椅高度。

2. 如果家庭中有儿童,如何规划餐厅中的餐桌、餐椅,使其能够与孩子一起成长?

3. 运用所学知识,为项目导读中的这对夫妇规划餐桌、餐椅、餐边柜等主要家具的尺寸及餐厅的家具布局。

任务三　绘制餐厅平面布置图、立面图

一、任务描述

1. 此次任务要求学生以小组为单位,分析项目原始框架图,依据餐厅常见布局形式、常见家具尺寸等知识,结合业主设计需求,对案例户型的餐厅区域进行合理的布局设计。

2. 要求在确定餐厅布局设计方案的基础上,小组分工绘制餐厅平面布置图,并选取一至两个立面绘制立面图。各小组展示、说明设计思路,分享设计方案。

3. 教师点评,讲解餐厅布局设计与绘制相关图纸的注意事项。

二、任务目标

1. 学生能灵活运用餐厅常见布局形式、餐厅设计的功能要求等知识,对餐厅进行合理布局设计。

2. 学生所绘制的平面布置图与立面图数据合理,符合人体工程学知识,能满足客户需求。

3. 在展示过程中,学生能运用专业术语准确表达方案。

4. 通过项目任务提高学生分析问题的能力,培养学生团结协作精神,让学生互相帮助,共同完成任务。

三、任务学时安排

4课时

四、任务基本程序

1. 分组。按班级学生的能力和特长进行合理分组,每组4~5人,并推选一人担任组长。

2. 明确本次任务的要求。在充分了解和分析本次任务要求的基础上,各小组组内合理分工,搜集、查阅相关资料,并完成本次任务初稿。

3. 绘制图纸。各小组确定餐厅布局设计方案,绘制相应图纸。

4. 展示交流。各小组在课堂上展示交流设计思路与设计方案,互相查漏补缺、协作学习。

五、任务评价

完成任务后,请结合任务的完成情况进行评价,并填写任务评价表(表3-3-1)。

表3-3-1　任务评价表

（单位:分）

评分内容	评价关键点	分值	自评分	小组互评	教师评分
餐厅布局设计方案	1. 餐厅空间布局合理	20			
	2. 能结合人体工学知识合理布置家具	20			
	3. 设计风格和设计方案符合业主要求	10			
图纸绘制	1. 视图的投影关系准确	10			
	2. 尺寸标注准确,文字标注完整	10			
	3. 图纸能正确表达设计方案	30			
合计		100			

六、知识链接

(一)餐厅的概念

餐厅是家人日常进餐和宴请亲朋好友的活动区域。餐厅的位置应居于厨房和客厅之间,以便在使用中节约食品供应时间并方便就座进餐。

(二)餐厅的布局形式

1. 独立式餐厅

独立式餐厅常见于较为宽敞的住宅,这类住宅的户型空间较为宽裕,可以将独立的空间作为餐厅(图3-3-1)。

图3-3-1　独立式餐厅[①]

2. 厨房兼餐厅

餐厅与厨房在同一空间,即"餐厨合一"。这种布局形式可使上菜更加便捷快速,并能充分利用空间,较为实用(如图3-3-2)。

---

① 房天下:北欧餐厅.2018-01-15,https://sh.news.fang.com/open/27582833.html/。

图 3-3-2　厨房兼餐厅①

3. 客厅兼餐厅

在客厅区域内设置餐厅,需以邻接厨房并靠近客厅最为合适。这种布局形式可以同时方便膳食供应与就座进餐(如图 3-3-3)。

图 3-3-3　客厅兼餐厅②

---

① 齐家:餐厅装修设计精选.2019-07-15,https://zixun.jia.com/article/755173.html/。
② 齐家:餐厅装修设计精选.2019-07-15,https://zixun.jia.com/article/755173.html/。

（三）餐厅的设计要点

餐厅一定要具备足够的亮度，并且光源的显色度要好，使之能够真实反映食物的色彩与质感以增加食欲。餐厅的主要光源可以是吊灯或者灯棚。在空间允许的前提下，最好能在主光源周围布设辅助照明灯，增加光线层次感（如图3-3-4）。

图3-3-4　餐厅照明[①]

餐厅墙面的色彩应以轻松明快的色调为主，以增强食欲，促进人与人之间的感情交流，活跃就餐气氛（如图3-3-5）。

图3-3-5　餐厅色彩[②]

[①] 佳园装饰：北欧风.2018-07-08，https://www.sohu.com/a/239971155_754730/。
[②] 花瓣：北欧风格.2019-10-13，https://huaban.com/pins/663741011/。

餐桌的大小与样式可以根据家庭日常进餐人数来确定,同时应满足宴请亲友的需求。在面积不足的情况下,可采用折叠式餐桌以增强使用机动性(如图3-3-6)。

图3-3-6　餐厅折叠家具①

(四)餐厅布局设计

本案为自建房,户型较一般商品房稍有不同。在做具体布局之前,可先根据业主要求新建墙体,以减少空间中不必要的块面,达到统一明快视觉效果。如图3-3-7所示,红线框内为餐厅区域,面积约为17.3m²。

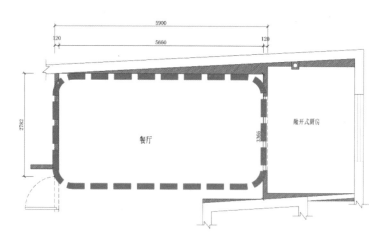

图3-3-7　餐厅新砌墙图

① 斯馨汇家具:北欧折叠餐桌.https://mall.jd.com/index-106995.html/。

1. 绘制餐厅平面布置图

根据业主需求可知,业主希望有一个开放式的厨房,将厨房与餐厅融合。我们在布局设计中可采用厨房兼餐厅式。2014年国家住房和城乡建设部开始实施的《家用燃气燃烧器具安装及验收规程》中明确规定:"设置灶具的厨房应设门并与卧室、起居室隔开;与燃具相邻的墙面应采用不燃材料,当为可燃或难燃材料时,应设防火隔热板。"因此我们可以在餐厅与厨房之间设计玻璃移门,形成一个可变的餐厅区域,这样既满足了业主厨房与餐厅融合的设计需求,又满足了当前国内主流燃气公司的通气要求。

如图3-3-8所示,我们在餐厅的一侧放置了一个1500*300mm的边柜。在中心区域设置了一组餐桌椅。考虑到业主交友甚多,我们选择了2000*800mm的餐桌,与常见餐桌相比尺寸稍大。入座后,椅背至墙面的距离符合任务二中所要求的人体工程学知识。餐桌的一侧设置了一个西橱台,尺寸为1300*600mm,由于西餐制作以煮、烤和冷餐居多,不必考虑油烟的问题,这样既满足了业主的设计需求,同时也体现了北欧的设计风格。

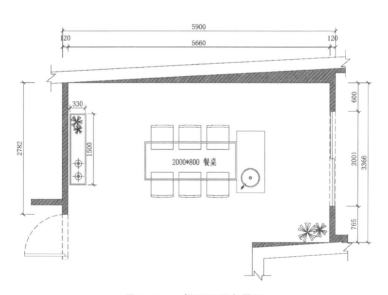

图3-3-8　餐厅平面布置图

2. 绘制餐厅立面图

这套户型的原始层高为3100mm,吊顶高度为400mm,地面铺装高度为50mm,剩下的层高为2650mm(如图3-3-9所示)。墙面被分割成三块区域,可选择浅色系硅藻泥材质与文化石材质,增强墙面的层次感。中间挂以装饰画,其余不做过多装饰,体现了对传统的尊重、对自然材料的欣赏、对形式和装饰的克制,凸显了北欧风格简洁实用的特点。

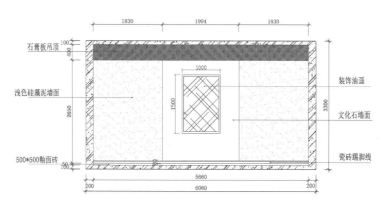

图 3-3-9　餐厅立面图

我们再以餐厅的西橱立面为例(如图 3-3-10),西橱台的选择应考虑人体工程学与业主的实际情况。本案选择的西橱台总高度为 950mm,正上方安装不锈钢酒架以方便备餐。

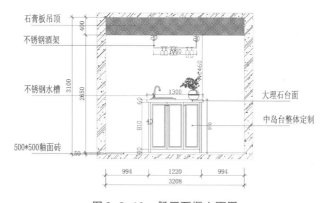

图 3-3-10　餐厅西橱立面图

七、练一练

1. 餐厅中的餐桌椅形式有哪些? 分别适用于哪些户型的餐厅?

2. 在绘制餐厅平面布置图与立面图时需要注意哪些餐厅的设计原则?

3. 尝试画一画餐厅的地面铺装图与顶棚装饰图。

任务四　制作餐厅装饰材料分析表

一、任务描述

1. 此次任务要求学生以小组为单位,根据任务三完成的平面布置图、立面图,结合客户需求,分析餐厅装修所需的装饰材料。

2. 各小组通过上网搜索、市场调研等方式,了解餐厅常见装饰材料的特性,采集餐厅常见装饰材料信息,比较同类型材料之间的优缺点,最后制作完成表4-4-1,确定选材,展示成果。

表4-4-1　北欧风格餐厅材料分析表

区域分布	材料名称	吸水率	防滑性	光泽度	耐脏性	耐磨性	平整度	规格	价位	是否合适
餐厅地面	实木复合地板									
	木纹砖									
	釉面砖									
	大理石									
餐厅顶面	材料名称	优点				缺点				是否合适
	生态木									
	防腐木									
	石膏板									
餐厅墙面	材料名称	环保性	价格	普及率	施工难易	施工周期	对墙的保护		保养	是否合适
	文化石									
	黑板墙									
	护墙板									

续　表

区域分布	材料名称	吸水率	防滑性	光泽度	耐脏性	耐磨性	平整度	规格	价位	是否合适
餐厅墙面	白色/彩色乳胶漆									
	硅藻泥									

3. 教师检验成果、点评,并指出不足之处。

二、任务目标

1. 学生能依据平面布置图、立面图,结合餐厅常见材料的特性,确定餐厅各区域所需的装饰材料。

2. 通过制作材料分析表,学生能准确说出各材料的优缺点。

3. 通过小组合作,让学生互帮互助,共同完成任务,培养学生的团结协作精神。

4. 通过自主学习,培养学生自主探究和分析问题的能力。

三、任务学时安排

4课时

四、任务基本程序

1. 分组。按班级学生的能力和特长进行合理分组,每组4~5人,并推选一人担任组长。

2. 明确本次任务的要求。在充分了解和分析本次任务要求的基础上,各小组组内合理分工,搜集、查阅相关资料,完成材料信息采集。

3. 分析各装饰材料属性、功能、价格等优缺点,与同类型材料做比较,完成制作材料分析表,得出结论。

4. 汇报展示。各小组在课堂上汇报所搜集的材料,展示分析成果。

五、任务评价

完成任务后,请结合任务的完成情况进行评价,并填写任务评价表(表3-4-2)。

表 3-4-2　任务评价表

（单位：分）

评分内容	评价关键点	分值	自评分	小组互评	教师评分
装饰材料相关资料搜集情况	1. 正确划分餐厅装饰材料区块分布	15			
	2. 完整列出餐厅各区块所需材料清单（需了解施工工艺）	35			
材料数据比较表格完成情况	1. 准确完成各装饰材料属性分析	20			
	2. 数据比对正确,制成材料分析表	20			
	3. 选材结论分析合理	10			
合计		100			

六、知识链接

北欧风格简洁、现代,以浅色、灰色的色调为主,给人舒适、原始、自然的感觉,主要使用了木材、石材和一些能够保留材质原始质感的材料。

（一）餐厅地面

北欧风格家居较为简洁大方、功能性强,没有太多花里胡哨的装饰,给人贴近大自然的感觉。北欧风格的地面可以选择纹路粗犷的木板、白色灰色的地砖或大理石等材料。

1. 实木复合地板

铺设木质地面,再结合原木风的餐桌和餐椅,是北欧风格餐厅的一种比较舒适的搭配(如图 3-4-1)。纯实木地板价格较高,因此也可以选择实木复合地板。实木复合地板是由不同树种的板材交错层压制而成的,在某种程度上克服了实木地板湿胀干缩的缺点。它湿胀干缩率小,尺寸稳定性强,也能保留实木地板的自然纹理和舒适脚感。相比实木地板,实木复合地板的纹理和色彩的选择性更多,也可与各种风格搭配,价格比实木地板低,安装比较简便,只需要找平,不需要打地龙骨。由于餐厅与厨房联系较为紧密,油污可能较多,因此木地板虽然美观,但也需要慎重考虑。关于不同类型木地板的属性,我们将在以后章节作详细介绍。

2. 木纹砖

木纹砖是表面带有天然木纹装饰图案的陶瓷砖,主要有釉面砖和劈开砖。釉面砖是通过丝网印刷工艺或者贴陶瓷花纸的方式使其表面形成木纹图案;劈开砖是采用两种或两种以上黏土烧制后,呈不同色彩的胚料,用真空螺旋挤出机将其螺旋混合后,通过剖切出口形成酷似木材纹理的整块产品。纹路逼真、自然淳朴、线条明快、图案清晰,具有阻燃、不腐蚀、环保、使用寿命长等优点,并且无需像木地板那样需要周期性打蜡(如图3-4-2)。

图3-4-1 实木复合地板餐厅[①]

图3-4-2 木纹砖地面餐厅[②]

3. 釉面砖

釉面砖是表面经过烧釉处理的砖,由土胚和表面的釉两个部分组成。其土

---

① 实木复合地板餐厅.2018-01-23,https://www.sohu.com/a/218513494_161534。
② 木纹砖地面餐厅.2019-05-25,http://www4.freep.cn/sst/656506.html。

胚又分陶土和瓷土两种,陶土釉面砖背面呈红色,瓷土釉面砖背面呈灰白色,但无论哪种,其表面均可以做出各种图案和花纹。釉面砖清洁吸水率大于10%,耐弯曲强度平均值不小于16MPa;釉面砖美观大方、高贵典雅,易于清洁和保养,耐磨性稍差一些,但合格的产品也能满足家庭使用的需要。釉面砖也可被分为亮光釉面砖和哑光釉面砖两类,亮光釉面砖能制造出"干净"的效果,哑光釉面砖能制造出"时尚"的效果。釉面砖表面强度大,可用作墙面砖和地面砖(如图3-4-3),表面图案和纹样丰富、规格多、防渗、方便清洁、韧度好,能满足家庭使用的需要。

图3-4-3　釉面砖地面餐厅[①]

4. 大理石

大理石又称石灰石、云石,是碳酸盐岩的变质岩,主要成分为碳酸钙($CaCO_3$)。石灰岩在高温高压下变软,并在所含的矿物质发生变化时重新结晶形成大理石,大理石的硬度在2.5~5。大理石原产于云南省大理市,由于带有黑色花纹,其剖面可形成一幅浑然天成的水墨画。大理石磨光后美观大方,可加工成各种墙面、地面材料(如图3-4-4)。大理石质地硬、脆且强度较高,耐磨性好,组织结构均匀,线胀系数极小,内应力完全消失,不变形,保养方便,使用寿命长。

---

① 釉面砖地面餐厅.2018-09-25,http://ww4.freep.cn/hot/77678.html。

图 3-4-4　大理石地面餐厅①

根据导读内容,以上介绍的四种地面材料均可用于北欧风格餐厅地面的铺设,具体的选择可结合客户喜好、预算和色彩搭配来确定。

(二)餐厅顶面

木材是北欧风格用材的灵魂,为了有利于室内保温,因此北欧人在进行室装修时会选择大量隔热性能较好的木材。一般这些木材都是未经精细加工的,都留存了木材的原始性,呈现原木色。北欧的建筑以尖顶、坡顶为主,室内可见原木制成的梁、椽等结构,这种风格在演化到我国之后,就出现了纯装饰性的木质"假梁",以另一种方式体现了原始粗犷的北欧风格。

1. 生态木

我们通常使用的生态木是一种人造木,学名为"Greener Wood塑合成材料"。生态木是将树脂、木质纤维材料及高分子材料按照一定比例混合后,经高温、挤压、成型等工艺制成一定形状的材料。与原木相比,它更加环保、节能,也具备了木材的天然质感,是国际上技术领先的环保产品(如图3-4-5)。生态木具有很好的稳定性能,防水、防腐、保温、隔热。生态木在制作中添加了光、热稳定性,抗紫外线和低温耐冲击等改性剂,因此它还具有很强的耐候、耐老化和抗紫外线等性能,不会发生质变、开裂、脆化。

---

① 大理石地面餐厅.2019-03-01,http://baijiahao.baidu.com/s?id=1659966372072460358。

图 3-4-5　生态木顶面①

2. 防腐木

因原木在使用过程中极易发生腐朽,为了延长木材使用寿命,人们用物理、化学方法改变木材的纤维结构或使其纤维性质发生改变,从而达到防腐效果。因防腐木具有自然、环保、安全等特点,具有防腐、防霉、防虫等功能,所以多用于阳台、走廊等半开放空间(如图3-4-6)。

图 3-4-6　防腐木吊顶②

① 生态木顶面 .2017-05-27,https://home.fang.com/zhuangxiu/caseinfo2396332/。
② 防腐木吊顶 .2016-07-02,http://blog.sina.com.cn/s/blog_b418f4df0102wk3y.html。

3. 石膏板

石膏板吊平顶或者简单的吊顶造型,在北欧风格的餐厅顶面中也非常常见(如图3-4-7)。北欧风石膏板吊顶一般采用乳胶漆刷白、局部吊灯,其线条简洁,体现极简主义特征。关于石膏板的性能,我们已在前面章节详细说明,因此本节不再赘述。

图3-4-7　白色平顶造型顶面①

(三)餐厅墙面

关于北欧风格餐厅的墙面,使用最广泛的还是传统的乳胶漆。它简洁大方又不失水准,是万能的搭配。此外,刷彩色乳胶漆、贴纯色墙纸等也能营造出北欧自然的氛围。但是如果要体现个性和特色,那么还是有不少特别的材料可以局部使用,使整个墙面不再单调,更有生活气息。

1. 文化石

文化石也叫艺术石、人造石,起源于20世纪60年代左右的美国,在20世纪90年代引进中国,起初用于室内装修,后来在室外墙面上的应用也较多。它主要由硅酸水泥、拜尔乐的氧化铁颜料、陶粒、防水剂、防渗剂组成。文化石符合人们崇尚自然、回归自然的文化理念,与北欧风格也十分贴切。文化石的花纹图案较多,立体感强,可以提升室内空间的视觉效果。文化石又兼具使用功能、装饰功能,使用了文化石的墙面也不需要再粉刷和装修(如图3-4-8)。

① 白色平顶造型顶面.2017-09-06,https://www.sohu.com/a/190132953_99913002。

图 3-4-8　文化石墙面[1]

2. 黑板

黑板墙的材料有成品黑板、黑板贴和黑板漆。成品黑板和黑板贴在购买后即可直接使用,黑板漆被广泛应用于儿童房、餐厅或者阳台等空间的局部(如图3-4-9)。不得不提的是,水性黑板漆比传统溶剂型黑板漆更加环保。油漆中的稀释剂和固化剂含有大量有毒成分,而水性漆则不含稀释剂和固化剂。黑板漆的施工跟乳胶漆基本类似:毛坯墙面找平,刮腻子打磨除尘,刷封固底漆,刷黑板漆。

3. 护墙板

护墙板大多是木板,表面经过加工处理,具有仿实木、仿石材、仿瓷砖等效果,实际上就是一种木饰面。它具备了木材的大部分属性,具有质地轻盈、恒温、降噪、防紫外线、防火、防蛀、施工简便、价格实惠等优点。虽然在美式家居风格中护墙板被大量使用,是美式设计风格的体现,但是其清新淡雅的色调、直接以木条铺设的装修方式,在北欧风格中应用会更显原始感、更具装饰性(如图3-4-10)。

4. 硅藻泥

硅藻泥是一种新型天然环保涂料,其主要成分是硅藻土。硅藻土是由某种生物成因的硅质沉积岩,主要由古代硅藻的遗骸组成。它表面的分子筛结构使其具有极强的吸附性能和离子交换性能,它还能够缓慢持续释放负氧离子,分解甲醛、苯等有害致癌物。硅藻泥天然环保、保温隔热、防火阻燃、吸声降噪、寿命超长,是乳胶漆和壁纸等传统墙面材料无法比拟的(如图3-4-11)。

---

[1]　文化石墙面.2017-03-07,https://zixun.jia.com/article/447949.html。

图 3-4-9　黑板墙墙面①

图 3-4-10　护墙板装饰墙面②

图 3-4-11　硅藻泥墙面③

① 黑板漆墙面.2018-06-13,https://www.sohu.com/a/235639178_443861。
② 护墙板装饰墙面.2017-11-21,https://www.sohu.com/a/205693759_414381。
③ 硅藻泥墙面.2019-08-05,http://www.beijianggzn.com/2019/hangye_0805/784.html。

(四)餐厅餐边柜

餐边柜是放置在餐厅空处或者餐桌一边的具有收纳功能的储物柜,由于搭配和整体色调不同,餐边柜的选材也不尽相同。上一章节的内容中,我们已对不同的木工板进行了细致分析,大家可以根据木工板的属性选择木质餐边柜的材料。除了木材,还有其他材料的餐边柜能与北欧风格完美搭配,如黑框铁艺餐边柜(如图3-4-11)、墙面直接嵌入式餐边柜(如图3-4-12)等。像黑框铁艺柜这类柜体,一般直接购买成品,所以相关材料在此不做详细介绍。

图 3-4-11　黑框铁艺餐边柜[①]

图 3-4-12　墙面直接嵌入式餐边柜[②]

[①] 黑框铁艺餐边柜.2018-11-21,https://www.sohu.com/a/276873317_100012917。
[②] 墙面直接嵌入式餐边柜.2020-02-19,https://m.sohu.com/a/374242730_100015915。

七、练一练

1. 制作完成餐厅材料分析表。

2. 了解原始北欧风格的顶面、圆顶或者尖顶、吊顶有哪些设计方法,如何施工,请进行说明。

任务五　餐厅装修预算

一、任务描述

1. 此次任务要求学生以小组为单位,在熟悉各装饰材料属性的基础上,了解做装修预算的步骤,并学会编制装修材料预算表,完成表3-5-1。

2. 教师检验学生成果,讲解在编制装修材料预算表时的注意事项。

表3-5-1　装修材料预算表

项目三:北欧风格餐厅										
序号	项目名称	单位	数量	主材	辅材	人工	损耗	单价	金额(元)	工艺做法及材料说明
1										
2										
3										
4										
5										
	总金额									

二、任务目标

1. 学生能正确掌握装修预算的步骤。

2. 学生能运用主材、辅材、损耗等数据,完成装修预算表。

3. 组内成员相互帮助,锻炼团队合作和协调沟通能力。

三、任务学时安排

4课时

四、任务基本程序

1. 分组。按班级学生的能力和特长进行合理分组,每组4～5人,并推选一人担任组长。

2. 明确本次任务的要求。在充分了解和分析本次任务要求的基础上,各小组组内合理分工,进行市场调研和分析。

3. 组内制作完成餐厅装修材料预算表。

4. 汇报展示。教师检验,提出问题及建议。

五、任务评价

完成任务后,请结合任务的完成情况进行评价,并填写任务评价表(表3-5-2)。

表3-5-2　任务评价表

(单位:分)

评分内容	评价关键点	分值	自评分	小组互评	教师评分
装饰材料相关资料搜集情况	1. 能正确区分餐厅相关装修材料(主材/辅材)	10			
	2. 能正确填写餐厅相关装修材料规格及价格	15			
	3. 各项目人工费及材料损耗量(清楚损耗原因)计算准确	25			
装修材料预算表完成情况	1. 装修预算表格式正确	10			
	2. 装修预算表各数据填写准确	20			
	3. 合理完成预算	10			
合计		100			

六、知识链接

(一)确定选材

根据任务四,这里还需加上上一项任务中没有列举的踢脚线、门套等材料,这部分材料费用也应该包含在预算内(表3-5-3)。

表3-5-3　餐厅材料表

项目三:北欧风格餐厅		
区域划分	简介	材料
地面	釉面砖500*500铺设	釉面砖
顶面	石膏板吊平顶	木龙骨
		石膏板
		顶面腻子
		顶面乳胶漆
墙面	墙面	墙面硅藻泥
		墙面乳胶漆
柜体	整体式酒柜	细木工板
其他	踢脚线	地砖类踢脚线
	门套	细木工板、饰面板

(二)填写项目名称

将确定的材料填入表3-5-4,并根据材料特点填写单位。

表3-5-4　餐厅材料预算步骤表 I

项目三:北欧风格餐厅										
序号	项目名称	单位	数量	主材	辅材	人工	损耗	单价	金额(元)	工艺做法及材料说明
1	釉面砖(500*500)	m²								
2	石膏板直线造型吊顶	m²								

序号	项目名称	单位	数量	主材	辅材	人工	损耗	单价	金额(元)	工艺做法及材料说明
项目三:北欧风格餐厅										
3	顶面腻子	m²								
4	顶面乳胶漆	m²								
5	墙面硅藻泥	m²								
6	墙面乳胶漆	m²								
7	餐边柜	件								
8	成品踢脚线	m								
	总金额									

(三)订价格

我们可以通过查阅资料或者市场调研等方式得到500*500釉面砖、石膏板等材料价格和人工费用。同时,我们还需要明确损耗范围,填写数量、主材、辅材、人工和损耗部分(表3-5-5),表格制作方法同客厅和玄关一样,相信大家已经非常熟悉了。

另外,石膏板吊顶的制作流程中要用到木龙骨、石膏板、顶面腻子、顶面乳胶漆等材料,因此在编制材料预算表的时候,我们可以把吊顶部分当成一个整体,把相关材料统一计算,这样可提前计算出整体单价。当然,也可按照客厅、玄关的材料预算表的编写方法分开计算。

表3-5-5 餐厅材料预算步骤表Ⅱ

序号	项目名称	单位	数量	主材	辅材	人工	损耗	单价	金额(元)	工艺做法及材料说明
项目三:北欧风格餐厅										
1	釉面砖(500*500)	m²		60	20	35	8%			
2	石膏板直线造型吊顶	m²		28	21	40	5%			
3	顶面腻子	m²		9	0.8	8.5	5%			

续　表

| 项目三:北欧风格餐厅 | | | | | | | | | | |
序号	项目名称	单位	数量	主材	辅材	人工	损耗	单价	金额(元)	工艺做法及材料说明
4	顶面乳胶漆	m²		6	1	8.5	5%			
5	墙面硅藻泥	m²		320	20	8	5%			
6	墙面乳胶漆	m²		14	1.8	13	5%			
7	餐边柜	件								
8	成品踢脚线	m		15	1.2	5.5	5%			
	总金额									

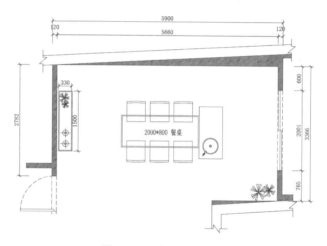

图 3-5-1　餐厅平面图

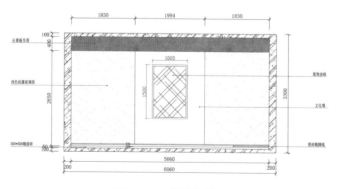

图 3-5-2　餐厅立面图

（四）计算

根据平面图（图3-5-1）和立面图（图3-5-2）可计算得出相关部分的面积等数据。餐厅部分长为5.66m，宽为3.37m，餐厅地面和顶面面积＝长×宽＝5.66×3.37＝19.1m²，除去吊顶和地面后的层高为2.65m，粗略计算的墙面面积为（5.66＋3.37）×2×2.65＝47.9m²，除去空墙的部分剩余墙面面积为30.4m²，根据平面图和立面图实际尺寸计算得出刷硅藻泥墙面部分面积为9.7m²，刷乳胶漆墙面部分面积为20.7m²。在计算过后，将数量一栏填写完整。

单价＝主材＋辅材＋人工＋（主材×损耗）；金额＝单价×数量

以地面釉面砖为例，单价＝60＋20＋35＋（60×8%）＝119.8（元/m²）；金额＝119.8×19.1＝2288.2元。

按照以上公式我们便可计算得出各项金额，并加总求得总价。如有需要，再在最后一列加上工艺做法及材料说明，这样便基本完成了餐厅的装修材料预算表（见表3-5-6）。

表3-5-6　餐厅装修材料预算表

项目三：北欧风格餐厅									
序号	项目名称	单位	数量	主材	辅材	人工	损耗	单价	金额（元）	工艺做法及材料说明
1	釉面砖（500*500）	m²	19.1	60	20	35	8%	119.8	2288.2	材料含水泥、河沙
2	石膏板直线造型吊顶	m²	19.1	28	21	40	5%	90.4	1726.6	材料含木龙骨、纸面石膏板、防火涂料、辅料等 工艺流程：刷防火涂料，找水平，钢膨胀固定，300*300龙骨格栅，封板
3	顶面腻子	m²	19.1	9	0.8	8.5	5%	18.75	358.1	材料含乳胶漆、石膏粉、腻子、胶水 工艺流程：清扫基层，刮腻子四遍，找平，找磨，专用底漆一遍，面漆两遍

序号	项目名称	单位	数量	主材	辅材	人工	损耗	单价	金额（元）	工艺做法及材料说明
	项目三：北欧风格餐厅										
4	顶面乳胶漆	m²	19.1	6	1	8.5	5%	15.8	301.8	
5	墙面硅藻泥	m²	9.7	320	20	8	5%	364	3530.8	工艺流程：墙面清理，底层腻子，基层腻子打磨，刷两遍硅藻泥，制作硅藻泥图案
6	墙面乳胶漆	m²	20.7	14	1.8	13	5%	29.5	610.7	材料含乳胶漆、石膏粉、腻子、胶水。工艺流程：清扫基层，刮腻子四遍，找平，找磨，专用底漆一遍，面漆两遍
7	餐边柜	件	1					3500	3500.0	购买成品
8	成品踢脚线	m	11.5	15	1.2	5.5	5%	22.45	258.2	成品踢脚线
	总金额						12574.4			

七、练一练

1. 制作完成餐厅项目装修材料预算表。

2. 比较刷乳胶漆墙面和刷硅藻泥墙面的工艺流程的区别。

项目四

古典美式厨房设计

·

此案建筑面积约为120m²(如图4-0-1、图4-0-2),预算在40万~45万元。

户主是一对年轻夫妇,两人追求华丽、高雅、具有年代感的古典美式风格。户主偏爱古典温和的暖黄色,强调自然和谐的居住环境。

户主吴女士的先生刚从国外回来,还保留着西方的饮食习惯,所以希望有一个开放式的厨房。夫妻二人无多余时间洗碗,故他们要求厨房配有智能型洗碗机。另外,夫妇俩身高较高,希望厨房的台面能高一些。

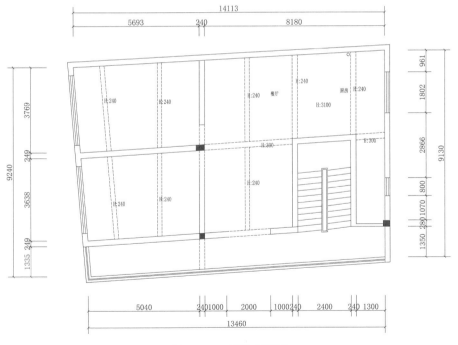

图 4-0-1 原始框架图

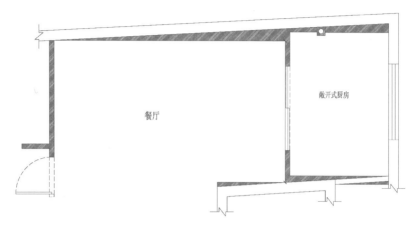

餐厅

敞开式厨房

图 4-0-2　厨房原始框架图

 项目实施

任务一　绘制美国往事思维导图

一、任务描述

1. 说一说。学生以小组为单位,课前通过网络、书籍等渠道搜集美国殖民地时期、美国独立战争时期的历史故事,课上每组派一位代表讲述本组查到的"美国往事"。

2. 议一议。学生联系美国历史,讨论欧洲文化对古典美式风格产生的影响。

3. 思一思。美国曾是欧洲国家的殖民地,现在是世界上唯一的超级大国;中国香港、中国澳门也曾经被殖民,如今是中国经济最发达的地区之一。因而有学者提出了"中国要实现现代化必须当三百年的殖民地"的谬论。学生思考后运用所学驳斥这种观点。

二、任务目标

1. 学生能通过搜集美国的历史故事,了解美国被殖民和建国的历史,丰富知识,为理解欧洲文化对古典美式风格的影响打下基础。

2. 学生能通过了解美国历史探索古典美式风格的渊源。

3. 学生能通过对错误观点的驳斥,增强主权意识,提升辩证思维能力。

三、任务学时安排

1课时

四、任务基本程序

1. 分组。按班级学生的能力和特长进行合理分组,每组4~5人,并推选一人担任组长。

2. 明确本次任务的要求。在充分了解和分析本次任务要求的基础上,各小组内合理分工,搜集、查阅相关资料。

3. 课上展示、讨论、辨析。

五、任务评价

完成任务后,请结合任务的完成情况进行评价,并填写任务评价表(表4-1-1)。

表4-1-1 任务评价表

(单位:分)

评分内容	评价关键点	分值	自评分	小组互评	教师评分
"说一说"	1. 故事时间背景正确、内容精彩	10			
	2. 讲述者表达清晰、有感染力	20			
"议一议"	1. 发言积极踊跃	10			
	2. 发言内容切题、言之有物	20			
"思一思"	1. 观点鲜明、辩驳有力	20			
	2. 有自己的观点、见解	20			
合计		100			

六、知识链接

美国历史发展阶段简介如下:

1. 早期文明

在四万多年前,印第安人的祖先经由北美洲迁徙到了中美洲和南美洲,印第安人从此遍布了整个美洲大陆。当哥伦布到达他认为的新大陆时,居住在美洲的印第安人约有3000万。而居住在今天美国、加拿大地区的印第安人只有150多万人。并且这些土著人种的构成,从遗传、语言、社会等方面来看,都有很大的差异。据估计,15世纪时在格兰德河以北至少存在着400种互不关联、各具特色的文化形态,并有着多种多样的民族和语系。大约10000年前,又有一批亚洲人移居到北美北部,即后来的爱斯基摩人,而最早到美洲的白种人大概是维京人,有人认为他们在1000年前曾到过北美东海岸。

2. 被殖民时期

1607年,一个约100人的殖民团体在乞沙比克海滩建立了詹姆士镇,这是英国在北美所建的第一个永久性殖民地。在以后的150年中,陆续涌来的许多殖民者定居于沿岸地区,他们多来自英国,也有一部分来自法国、德国、荷兰、爱尔兰、意大利及其他国家。在殖民过程中,欧洲移民大规模屠杀印第安人,抢夺其财物,并大规模占领他们的土地。

18世纪中叶,美洲的13个英国殖民地逐渐形成,它们在英国的最高主权统治下建立了各自的政府和议会。气候和地理环境的差异造成了各殖民地经济形态、政治制度与观念上的差别。

3. 独立战争时期

18世纪中叶,英国在美洲的殖民地与英国本国之间已有了裂痕,随着殖民地的不断扩张,他们逐渐萌生独立的念头。

1774年,来自13州的代表聚集在费城,召开了第一次大陆会议,希望能与英国和平解决独立问题,英王却坚持殖民地必须无条件臣服于英国,并对美洲殖民地下达了处分。

1775年,战火首先在马萨诸塞州列克星顿被点燃战火,美国独立战争正式爆发。

1776年5月,在费城召开的第二次大陆会议坚定了北美人民战争与独立的决心,并于7月4日通过了由托马斯·杰斐逊起草的《独立宣言》。《独立宣言》被认为是美国建国的开端,此日(7月4日)亦被美国作为国庆日。

1778年2月,法美签订军事同盟条约,法国正式承认美国的合法地位,法国、西班牙、荷兰相继参战。

1781年,约克镇战役大捷,美军取得了决定性的胜利。约克镇战役后,除了海上尚有几次交战和陆上的零星战斗外,北美大陆战事已基本停止。

1787年,在费城举行了联邦会议,会中乔治·华盛顿当选为制宪会议的主席。他们采取了一项原则,即中央权力是一般性的,但必须有审慎的规定和说明,中央政府必须有税收、铸造货币、调整商业、宣战及缔结条约的权力。此外,为了防止中央权力过大,设置了三个平等合作与制衡的国家权力机关,即立法、行政、司法,三种权力相互调和制衡,而不使任何一权占控制地位,这个原则也被称为"三权分立"。

1812年,英国再度入侵刚成立的美国,史称第二次独立战争,战后美国各州更加团结。

4. 西进运动时期

19世纪初期,数以千计的美国人越过阿巴拉契亚山脉向西移动。有些开拓者移居到美国的边界,甚至深入墨西哥的领地以及介于阿拉斯加与加利福尼亚之间的俄勒冈。美国殖民者的贪得无厌使得美国一步步地蚕食周边地区,给临近国家带来了深重的苦难和久久无法弥合的创伤。

1846年,美墨战争爆发,美国扩张了自己的国土面积。

5. 南北战争时期

引起南北战争的原因,不单是经济、政治、军事上的问题,还包括思想上的冲突。南北之间为奴隶问题而起争执,南方在全国政治上的主要方针,就在于保护和扩大"棉花与奴隶"制度所代表的利益;而北部各州以制造业、商业和金融业为主,这些生产无需依赖奴隶。相反的,奴隶制严重制约了劳动力的流动,使得急需大量劳动力的北方各州工商业受到很大抑制(如图4-1-1)。

图4-1-1　南北战争①

---

① 南北战争.2019-12-21,http://www.360doc.com/content/16/1221/08/8527076_616461412.shtml。

这种经济和政治上的冲突由来已久。19世纪60年代初期,11个位于南方的州脱离联邦,组建南部邦联;北方则表示为了统一将不惜付出一切代价。

1861年,南方种植园主以林肯就任美国总统为由挑起了南北战争。

1863年元旦,黑人奴隶纷纷加入北方军队,其原因是林肯颁布了《解放黑人奴隶宣言》,北方因此得到了雄厚的兵源(如图4-1-2)。

图4-1-5 林肯颁布《解放黑人奴隶宣言》①

1865年4月9日,南北战争以南方政府的失败而告终,北方政府的胜利不但使美国恢复了统一,而且废除了奴隶制。

6. 转型发展时期

19世纪初,美国开始工业化,内战之后工业化则步入了成熟阶段。从内战至第一次世界大战的不到50年的时间里,美国从一个农村化的共和国变成了现代化国家。从1890年到1917年被称为进步时期;1914年,第一次世界大战爆发;1917年,美国被卷入大战漩涡,并且在国际舞台上尝试扮演新的角色。

1929年美国发生了资本主义经济大萧条,大萧条影响的不只是美国,世界各国都受到牵连,上百万的工人失业,大批的农民被迫放弃耕地,工厂商店关门,银行倒闭。1932年,富兰克林·罗斯福(1882—1945)当选美国总统后,全面推行以政府干预市场为主要手段的"罗斯福新政",他主张政府应采取行动结束经济大萧条。罗斯福推出的一系列政策暂时缓解了许多困难,但美国的经济还是到第二次世界大战后才逐渐苏醒(如图4-1-3)。

---

① 林肯颁布《解放黑人奴隶宣言》.2018-06-29,http://www.qulishi.com/article/201806/286851.html.

图 4-1-3　罗斯福发表演说①

图 4-1-4　罗斯福签署对日宣战法令②

20世纪30年代末,第二次世界大战爆发。1941年12月7日,日本偷袭珍珠港,后美国参战。"二战"后,随着轴心国的战败、英法实力的衰退,美国和苏联成为了超级大国,世界被分成了东西两大阵营,美苏及其各自阵营分别在军事、政治、经济、宣传各方面全面对抗,史称"冷战"。

1950年,朝鲜战争爆发,美军参战并与中华人民共和国志愿军交战,战争以划定三八线并签署停战协议而告终。战后,冷战逐步升级。

1962年,古巴导弹危机使冷战带来的恐慌达到最高峰。

1969年,阿波罗11号首次将人类送上了月球,美国在太空竞赛中逐渐超越了苏联。20世纪60年代中期,越南战争爆发,许多美国人开始不满政府的对外政策,反战游行伴随着各种民权运动风起云涌。此外,由于工业的发展与人口的集中。20世纪60年代后期,生态环境的污染广受关注。20世纪70年代初期,能源危机而导致的经济萧条是历来的经济危机中最严重的一次。20世纪70年代中期,美国经济一度复苏,但在20世纪70年代末期又出现了滞胀。

1976年,也就是在美国建国200周年时,由于拥有全球政治、经济、科技等方面的优势,美国在冷战中最终拖垮苏联。

图 4-1-5　美国建国200周年庆祝活动①

1991年,随着苏联的解体,美国赢得了冷战的最终胜利,成为世界上唯一的超级大国。

如今,美国已是高度发达的资本主义国家,其政治、经济、军事、文化等实力领衔全球。作为世界第一军事大国,其高等教育水平和科研技术水平也是当之无愧的世界第一,其科研经费投入之大、研究型高校企业之多、科研成果之丰富堪称世界典范。

虽然当前面临各种国内外问题,美国还是因其较为健全的法律制度、优越的生活环境、顶尖的教育资源等吸引着来自世界各地的一代又一代人。

七、练一练

1. 追溯美国发展的历史长河,写一写美国发展的每一个时期对工业及设计界的影响。

任务二　测量、绘制——厨房家具与人体的关系

一、任务描述

1. 此次任务要求学生以小组为单位,通过查阅资料、测量厨房中主要家具的

---

① 美国建国200周年庆祝活动.2019-01-10,https://www.meipian.cn/1ut6wh2q。

尺寸与人体相关联的尺寸,填写完成厨房家具分析表(表4-2-1),由此分析厨房家具与人体之间的关系。

2. 通过调查、分析,各小组绘制完成厨房主要家具的三视图及主要家具尺寸与人体尺寸之间的关系图,并选派代表进行展示说明。

3. 教师点评,讲解厨房主要家具与人体尺寸之间的关系。

二、任务目标

1.学生通过多种渠道的查阅和分析,能说出厨房主要家具与人体尺寸之间的关系。

2.学生能准确说出厨房主要家具的尺寸并绘制三视图。

3.培养学生的团队协作能力和表达能力。

三、任务学时安排

6课时

四、任务基本程序

1. 分组。按班级学生的能力和特长进行合理分组,每组4~5人,并推选一人担任组长。

2. 明确本次任务的要求。在充分了解和分析本次任务要求的基础上,各小组内合理分工,搜集、查阅相关资料,并完成本次任务初稿。

3. 完成作业内容。搜集资料进行汇总和分析,填写表4-2-1。

表4-2-1 厨房家具分析表

家具类型	家具数值	相关人体数值	具体数值	绘制
吊柜	高度(例)	人手的拿取高度	2300mm	三视图
	深度			
地柜	高度			
	深度			
台面	高度			
	深度			

续　表

家具类型	家具数值		相关人体数值	具体数值	绘制
家具尺寸与人体尺寸的关系	案台与人体的尺寸关系				关系图
	橱柜与人体的尺寸关系				
	炉灶与人体的尺寸关系				
	水池与人体的尺寸关系				

　　4. 展示交流。各小组在课堂上共同展示交流此次调查结果，互相查漏补缺、协作学习。

五、任务评价

　　完成任务后，请结合任务的完成情况进行评价，并填写任务评价表(表4-2-2)。

表4-2-2　任务评价表

(单位:分)

评分内容	评价关键点	分值	自评分	小组互评	教师评分
作业内容	1. 完成并正确填写表格中的内容	20			
	2. 三视图绘制完整	20			
	3. 三视图尺寸标注正确、符合标准	20			
	4. 家具尺寸与人体尺寸之间的关系分析到位	20			
作业展示	1.三视图绘制清晰、精美	10			
	2.展示代表仪态大方、表述清晰	10			
合计		100			

六、知识链接

(一)厨房中的主要家具尺寸

厨房是住房中使用最频繁、家务劳动最集中的地方,因此在设计过程中需更多地考虑实用性、安全性、互动性和卫生性。由于厨房的功能性较强,家务动线较为复杂,需要设计者充分了解人在厨房中的操作流程和需求后,才能进行设计。

首先,我们需要了解烹饪的基本流程(如图4-2-1)。厨房的布局是顺着食品的贮存、准备、清洗和烹调这一操作过程安排的。我们可以将厨房大致分为食品区、洗涤区、切配区、烹饪区和电器区。

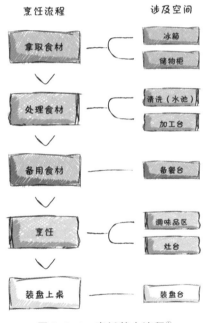

图4-2-1 烹饪基本流程[1]

烹饪过程中,人在厨房中的家务动线如图4-2-2所示。图中数字代表厨房内部动线,字母代表用餐区和厨房之间的动线,在洗涤区之间和烹饪区的动线最频繁。按客户要求,我们为吴女士家的厨房绘制了家务动线图(如图4-2-3)。

除了烹饪食物的传统功能以外,现代厨房还应具有强大的收纳功能。因此

---

[1] 理想·宅:《设计必修课·室内设计与人体工程学》,化学工业出版社2019年版。

吊柜、地柜和台面是厨房较为重要的家具。同时还需根据人在厨房中的需求,也就是厨房所需具备的功能,来设计炉灶、水池、电器等区域。

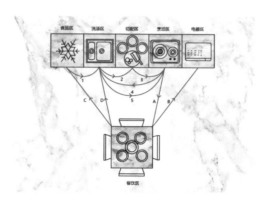

图 4-2-2 厨房家务动线[①]

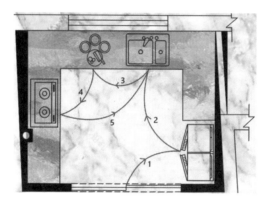

图 4-2-3 厨房中的家务动线

1. 常见吊柜尺寸

现代的家庭厨房一般都采用组合式吊柜、吊架(见图 4-2-4),尽可能地合理利用一切可贮存物体的空间。标准的厨房剖面中,吊柜一般距离地面 1300 ~ 1350mm(如图 4-2-5),这个位置的吊柜把手正好在人手可轻松触及的范围之内,便于取用物品。吊柜的长度通常在 750 ~ 800mm,使厨房的上层空间得到完美利用,一般可以将较为轻便的碗碟或易碎物品存放在此处。此外,由于吊柜位置较高,物品的拿取较为不便,此处可以存放一些使用频率较低的物品。

---

① 理想·宅:《设计必修课·室内设计与人体工程学》,化学工业出版社 2019 年版。

图 4-2-4 古典美式吊柜①

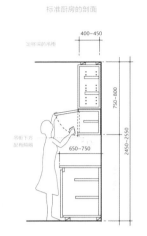

图 4-2-5 标准厨房剖面②

2. 常见地柜尺寸

地柜常用于贮存较重、较大的瓶、罐、米、菜等物品(如图 4-2-6)。同时,煤气灶、水槽下面也是可利用的储物空间。地柜边缘距离墙面的深度一般是根据人体的身高、手臂的长度等因素来综合考虑的。一般地柜深度在 400～600mm 比较合适,另外还需考虑到水池的尺寸(如图 4-2-7),一般水池的宽度在 500mm 左右,深度在 180～200mm(水池的深度特指从台面到水池底部的距离),加上台面的尺寸计算,所以带水池的地柜深度在 550～600mm 最为合适。

图 4-2-6 古典美式地柜③

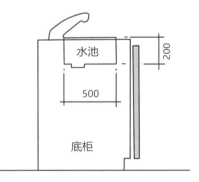

图 4-2-7 水池一般尺寸

① Kylie:古典美式吊柜,2018-05-23,https://huaban.com/pins/1662714800/。
② 松下希和著,温俊杰译:《装修设计解剖书》(第 2 版),南海出版公司 2018 年版。
③ 沈佳豪:古典美式地柜,2017-04-05,http://www.xtuan.com/xiaoguotu/a256668/。

3. 常见台面尺寸

图 4-2-8　厨房台面①

在厨房,洗涤和配切食品要有搁置餐具、熟食的周转场所,还要有存放烹饪器具和佐料的地方,以保证基本的操作空间(如图 4-2-8)。通常来说,若厨房面积较大,操作台面可以设计得较为宽敞,一般在 1060mm 以上。这样的宽度是人两手的最大触及范围,可操作空间较大。若厨房面积较小,宽度可以不超过 500mm,台面深度一般在 650mm 左右(如图 4-2-9)。

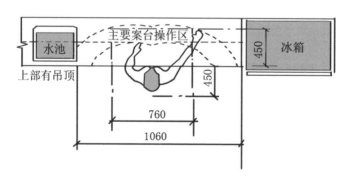

图 4-2-9　案台操作距离②

(二)厨房设施与人体的尺寸关系

厨房各个方位的尺寸会直接对烹饪过程中的操作产生影响:切菜洗菜顺不

---

① SHRANK:厨房台面,2016-06-15,https://huaban.com/pins/752548259/。
② 理想·宅:《设计必修课·室内设计与人体工程学》,化学工业出版社 2019 年版。

顺手、脱排油烟机会不会碰头、吊柜是否高得拿不到东西等,因而按照合理的尺寸科学装修厨房是十分重要的。

1. 案台与人体的尺寸关系

案台间需要预留出一定的距离,便于操作。一般来说,预留的通行距离需满足一人在操作时,另一人可以通过的条件(如图4-2-10),因此两个案台之间的距离一般在1520～1670mm。案台的储物功能一般用柜子或者抽屉的形式来实现,开拉式柜门的操作距离在910mm左右,抽屉的操作范围在1210mm左右,但要视案台部件的具体尺寸而定。

案台的操作台面尺寸应根据人体尺寸来确定,如操作者前臂平抬,从手肘向下100～150mm的高度为厨房台面的最佳高度。若想使下面的柜体容量更大,可选择100～150mm的台面厚度。如考虑承重方面,可选择250mm厚的台面。

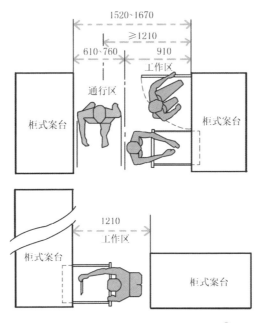

图4-2-10 案台与人体的尺寸关系[1]

---

[1] 理想·宅:《设计必修课·室内设计与人体工程学》,化学工业出版社2019年版。

2. 橱柜与人体的尺寸关系

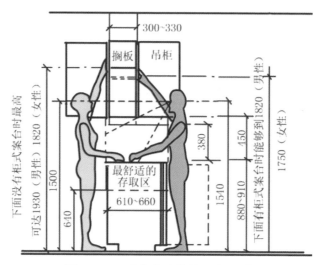

图 4-2-11　橱柜与人体的尺寸关系[1]

厨房橱柜与人体尺寸的关系(如图 4-2-11)需要考虑人的身高和手的拿取范围。一般吊柜的高度在地柜操作台面的 450mm 以上,这样便于人拿取又不至于磕碰。由于地柜与操作台面结合,因此地柜高度要便于使用者操作,人手的最舒适操作高度在 880～910mm,因此厨房中的地柜高度也常在这个范围内。

3. 炉灶与人体的尺寸关系

厨房中有较多操作设备,如炉灶、烤箱、吸油烟机等,不同设备之间也需预留一定的操作距离。炉灶的宽度一般在 490～1160mm,单灶和双灶的宽度有很大区别。炉灶两边需预留出 300～380mm 的操作空间,用于摆放调味料或其他物品,正面需预留出 1010mm 左右的工作区域,便于使用炉灶时拿取或者操作。不同设备间的最小间距应在 1220mm 左右,便于两人同时操作(如图 4-2-12)。

炉灶、烤箱等操作设备需要放置在距离地面 890～920mm 的高度,便于使用。吸油烟机需摆放在距离炉灶 610mm 左右的高度,一方面可以最大化地吸收油烟,另一方面人在操作过程中也能减少磕碰(如图 4-2-13)。

---

① 理想·宅:《设计必修课·室内设计与人体工程学》,化学工业出版社 2019 年版。

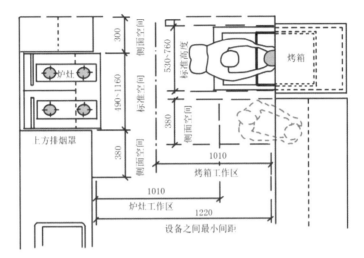

图 4-2-12　炉灶尺寸关系平面图[1]

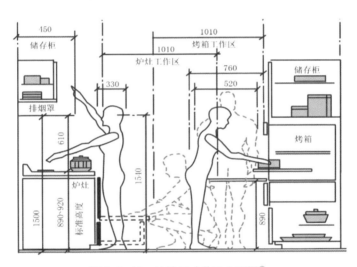

图 4-2-13　炉灶尺寸关系立面图[2]

4. 水池与人体的尺寸关系

现代厨房中,一些家庭还会购买洗碗机等自动化设备,用于提升生活品质。在厨房设计中,水池的长度一般在 710~1060mm,深度在 500mm 左右。水池边与拐角案台的最小距离为 300mm。如安装洗碗机,则需在水池侧面预留 610mm 左右的

---

① 理想·宅:《设计必修课·室内设计与人体工程学》,化学工业出版社 2019 年版。
② 理想·宅:《设计必修课·室内设计与人体工程学》,化学工业出版社 2019 年版。

空间。有两人在厨房中操作时,需要为另一人预留760~915mm的通行距离(如图
4-2-14)。

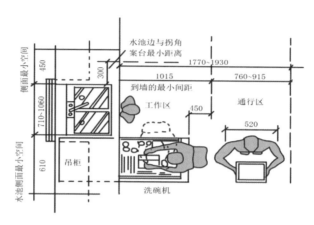

图 4-2-14　水池尺寸关系平面图①

水池上方和下方都可以作为贮藏空间。需要注意的是,水池上方如果有
吊柜,则吊柜需距离水池平面至少560mm,防止视线和手的操作被阻碍(如图
4-2-15)。

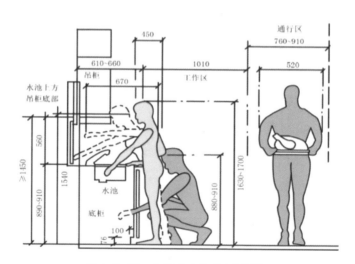

图 4-2-15　水池尺寸关系立面图②

① 理想·宅:《设计必修课·室内设计与人体工程学》,化学工业出版社2019年版。
② 理想·宅:《设计必修课·室内设计与人体工程学》,化学工业出版社2019年版。

七、练一练

1. 根据所学知识,绘制以下几种厨房布局的家务动线。

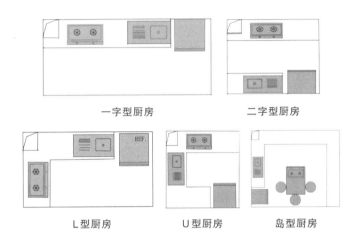

一字型厨房　　　　　二字型厨房

L型厨房　　　U型厨房　　　岛型厨房

任务三　绘制厨房平面布置图、立面图

一、任务描述

1. 此次任务要求学生以小组为单位,分析项目原始框架图,依据厨房设计的功能要求,结合业主设计需求,对案例户型的厨房区域进行合理的布局设计。

2. 要求在确定厨房布局设计方案的基础上,小组分工绘制厨房平面布置图,并选取一个立面绘制一张厨房的立面图。各小组展示,说明设计思路,分享设计方案。

3. 教师点评,讲解厨房布局设计与绘制相关图纸的注意事项。

二、任务目标

1. 学生能理解厨房的概念,了解厨房常见的布局形式,能灵活运用厨房的设计原则对厨房空间进行合理布局设计。

2. 学生所绘制的平面布置图与立面图数据合理、符合人体工程学要求、能满足客户需求。

3. 在学生展示过程中,学生能运用专业术语准确表达方案。

4. 通过项目任务提高学生分析问题的能力,培养学生团结协作精神,让学生互相帮助,共同完成任务,达成目标。

三、任务学时安排

4 课时

四、任务基本程序

1. 分组。按班级学生的能力和特长进行合理分组,每组 4~5 人,并推选一人担任组长。

2. 明确本次任务的要求。在充分了解和分析本次任务要求的基础上,各小组组内合理分工,搜集、查阅相关资料,并完成本次任务初稿。

3. 绘制图纸。各小组确定厨房布局设计方案,绘制相应图纸。

4. 展示交流。各小组在课堂上展示交流设计思路与设计方案,互相查漏补缺、协作学习。

五、任务评价

完成任务后,请结合任务的完成情况进行评价,并填写任务评价表(表4-3-1)。

表 4-3-1　任务评价表

(单位:分)

评分内容	评价关键点	分值	自评分	小组互评	教师评分
厨房布局设计方案	1. 厨房空间布局合理	20			
	2. 能结合人体工学知识合理布置家具与电器设备	20			
	3. 设计风格和设计方案符合业主要求	10			
图纸绘制	1. 视图的投影关系准确	10			
	2. 尺寸标注准确,文字标注完整	10			
	3. 图纸能正确表达设计方案	30			
合计		100			

六、知识链接

(一)厨房的概念

厨房是住宅中进行食物料理和贮藏的区域,一般由烹调区、洗涤区和操作区组成。厨房是住宅内使用最频繁、家务劳动最集中的地方。因此,设计好厨房是创造良好的生活环境和保持家庭生活温馨的关键之一。

(二)厨房的布局形式

1. U型厨房

U型厨房的布局适合宽度在2.2米以上接近正方形的厨房,沿连续的三个墙面布置操作区、洗涤区和烹调区。洗涤池在一侧,操作区和烹调区相对布置,这样能形成较为合理的厨房工作三角形(如图4-3-1)。

图4-3-1 U型厨房[①]　　　　　　图4-3-2 L型厨房[②]

2. L型厨房

L型厨房是将操作、洗涤和烹调区依次沿两个墙面转角展开布置。这种布局方式适用于面积不大且平面形状较为方正的厨房空间,但最好不要将L型的一面设计得过长,以免降低工作效率(如图4-3-2)。

3. 走廊式厨房

走廊式厨房也称双墙型厨房,将工作区安排在两边平行线上。在区域分配上,常将洗涤区和操作区安排在一起,将烹调区单独设在一处(如图4-3-3)。

---

① U型厨房.http://www.zx123.cn/xiaoguotu/20160216602542.html/。

② L型厨房.https://home.fang.com/album/。

图4-3-3　走廊式厨房①　　　　　　图4-3-4　一字形厨房②

4. 一字形厨房

这种形式适用于较为狭长的厨房空间,使操作、洗涤及烹调区一字排开、贴墙布置,以适应空间特点和满足功能要求(如图4-3-4)。

5. 半岛式厨房

半岛式厨房与U型厨房类似,但一侧不贴墙,操作区通常布置在半岛上,用半岛把厨房和餐厅或者其他家庭活动区域相联系(如图4-3-5)。

图4-3-5　半岛式厨房③

① 走廊式厨房 .2020-02-12, http://baijiahao. baidu. com/s? id=1658061347599961362&wfr=spider&for=pc。

② 一字形厨房 .2020-02-02, http://dy.163.com/v2/article/detail/F4A8EHMS05208ACO.html/。

③ 半岛式厨房 .2016-03-31, https://www.tugou.com/jy/26780.html/。

图 4-3-6 岛式厨房①

6. 岛式厨房

岛式厨房适合厨房面积较大的住宅。岛台一般设在厨房中心,且连着操作台,可作为备餐台或便餐桌。这样既增加了操作面,又可当作简单就餐的餐桌,增添了厨房多功能的特点(如图 4-3-6)。

(三)厨房的设计要点

厨房设计的最基本概念是"三角形工作空间",即操作区、洗涤区和烹调区都要设置在适当位置,相隔距离最好不要超过 1m(如图 4-3-7)。在前面的人体工程学项目中,我们已经讲解过了这样设置的原因。

图 4-3-7 厨房工作区②

① 岛式厨房.2014-05-14,https://www.biud.com.cn/cases-view-id-18730.html/。

② 厨房工作区.2015-02-28,http://91.jiaju.sina.com.cn/tupian/748498.html/。

此外,厨房还可以设置贮藏区。贮藏区的设计应根据使用频率、安全性、卫生性等方面分类布置。如存放调料盒、杯子器皿的壁柜,可与烹调区相邻;收纳五谷杂粮等食材的橱柜,可设置在操作区附近;存放化学清洗剂和内藏式垃圾桶的最佳位置,可设置在水槽下的橱柜。

设计厨房时还应注意采光通风问题。窗户下不宜设置烹调区,即不宜设置灶台,否则燃气灶的火焰容易受风影响甚至造成意外。

(四)厨房布局设计

本案为自建房,户型较一般商品房稍有不同。在做具体布局设计之前,应先根据业主要求,新建墙体以减少空间中不必要的块面,达到统一明快的视觉效果。如图4-3-8所示,红线框内为厨房区域,面积约为8.09m²。

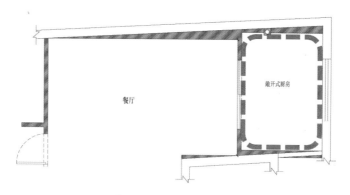

图4-3-8　原始框架图

1. 绘制厨房平面布置图

本案的厨房较为宽敞,厨房宽度在2.2m以上,为了增加操作台的面积,我们可以选择U型的布局方式。在厨房区域内设置U型操作台,操作台进深为600mm,沿连续的三个墙面布置操作区、洗涤区和烹调区。洗涤池设置在窗户下,业主要求的智能洗碗机可安装在洗涤池旁的地柜里。操作区和烹调区相对布置,这样能形成较为合理的厨房工作三角形(图4-3-9中的红色三角形)。因业主希望有个开放式厨房,我们在厨房与餐厅之间设置了移动玻璃门,从而形成一个可变的在厨房空间,以达到燃气安全要求。中橱设备设置厨房内部,西橱设备设置在餐厅区域,将玻璃移门打开,即是开放式厨房。图4-3-9是笔者根据业主需求绘制的厨房平面布置图。

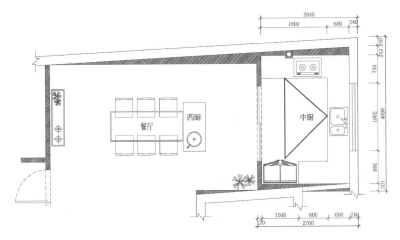

图 4-3-9　厨房平面布置图

2. 绘制厨房立面图

这套户型的原始层高为3100mm,吊顶高度为400mm,地面铺装高度为50mm,剩下的层高为2650mm(见图4-3-10)。我们以厨房一侧为例,先预留好双开门冰箱的安放宽度1000mm,这不仅仅是冰箱宽度,还是双侧门能完全打开的宽度。预留好冰箱位置后,剩余1400mm,我们可设置操作台,操作台下设计3个440mm宽的橱柜。应业主要求,操作台高度需要稍高一些,我们可将高度设置为950mm。如业主一家身材小巧,我们也可将操作台高度设置得低一些。这里我们需要结合人体工程学与业主的实际情况进行调整,以增强业主在备餐时的舒适性。

西橱台设置在餐厅区域,立面图可参见项目三任务三中的餐厅西橱立面图。

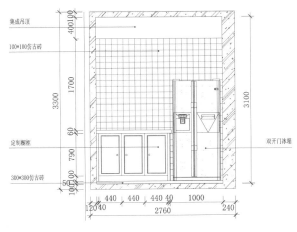

图 4-3-10　厨房立面图

七、练一练

1. 厨房的常见布局形式分别适合哪些户型?

2. 厨房区域中可以摆放哪些家具和设备从而满足厨房的不同功能?

3. 在绘制平面布置图与立面图时需要注意哪些厨房设计原则?

4. 尝试画一画厨房的地面铺装图与顶棚装饰图。

任务四　制作厨房装饰材料分析表

一、任务描述

1. 此次任务要求学生以小组为单位,根据任务三完成的平面布置图、立面图,结合客户需求,分析厨房装修所需的装饰材料。

2. 各小组通过上网搜索、市场调研等方式,了解厨房常见装饰材料的特性,采集厨房常见装饰材料信息,比较同类型材料之间的优缺点,最后制作完成厨房材料分析表(表4-4-1),确定选材,展示成果。

表4-4-1　美式风格厨房材料分析表

区域分布	材料名称	吸水率	防滑性	光泽度	耐脏性	耐磨性	平整度	规格	价位	是否合适
厨房地面	仿古砖									
	亚光砖									
	玻化砖									
	抛光砖									
厨房顶面	材料名称	优点				缺点				是否合适
	集成吊顶									
	防水石膏板吊顶									
厨房墙面	材料名称	环保性能	价格	普及率	施工难易	施工周期	对墙的保护	保养		是否合适
	釉面内墙砖									

厨房墙面	仿古砖									
	地铁砖									
整体橱柜门板	材料名称	主要基材	防水性	耐磨性	耐撞击	清洁难易	款式花色	封边形式	厚度	是否合适
	耐火板门板									
	烤漆门板									
	PVC门板									
	水晶板									
	不锈钢门板									
	实木门板									
整体橱柜台面	材料名称	硬度	抗菌力	耐用性	耐酸碱	耐油污	清洁难易	拼接有无缝隙	价格	是否合适
	防火板									
	天然大理石									
	石英石									
	不锈钢									

3. 教师检验成果、点评、指出不足之处。

二、任务目标

1. 学生能依据平面布置图、立面图,结合厨房常见材料的特性,确定厨房各区域所需的装饰材料。

2. 通过制作材料分析表,学生能准确说出各材料之间的优缺点。

3. 通过小组合作,让学生互帮互助,共同完成任务,培养学生团结协作精神。

4. 通过自主学习,培养学生自主探究和分析问题的能力。

三、任务学时安排

4课时

四、任务基本程序

1. 分组。按班级学生的能力和特长进行合理分组,每组4~5人,并推选一人担任组长。

2. 明确本次任务的要求。在充分了解和分析本次任务要求的基础上,各小组内合理分工,搜集、查阅相关资料,完成材料信息采集。

3. 分析各装饰材料属性、功能、价格等优缺点,与同类型材料做比较,制作完成材料分析表,得出结论。

4. 汇报展示。各小组在课堂上汇报所搜集的材料,展示分析成果。

五、任务评价

完成任务后,请结合任务的完成情况进行评价并填写任务评价表(表2-4-2)。

表2-4-2 任务评价表

(单位:分)

评分内容	评价关键点	分值	自评分	小组互评	教师评分
装饰材料相关资料搜集情况	1. 得出厨房装饰材料区块分布	15			
	2. 完整列出厨房各区块所需材料清单(需了解施工工艺)	35			
材料数据比较表格完成情况	1. 准确完成各装饰材料属性分析	20			
	2. 数据比对正确,制成材料分析表	20			
	3. 选材结论分析合理	10			
合计		100			

六、知识链接

美式风格的最大特点就是开放。厨房是生活的一部分,在传统美式风格中,厨房不仅仅是做饭的地方,还包含用餐、起居及会客的功能。家里多数的人际交流都在厨房和便餐区进行,这两者与起居室联系起来,成为一个家庭的生活重心。

美式厨房强调回归自然,色彩明快。

厨房装饰材料及属性如下。

(一)厨房地面

1. 仿古砖

仿古砖大多数为瓷质砖,指烧成温度高于1200℃,吸水率在0.5%以下的砖体,是艺术砖与瓷质砖的完美结合。仿古砖的色彩和纹理体现了自然、粗犷、质朴的风格。仿古砖品种、花色很多,规格也齐全,适合厨卫等空间使用。仿古砖有单色砖和花色砖两种,单色砖主要用于大面积铺设,花色砖可用于局部装饰。一般花色砖的图案都是手工彩绘,表面为釉面,复古又不失时尚。在铺设过程中,可用单色砖结合花色砖,或者结合木材等材料混合铺装,也别具一格。在餐厅、厨房等空间中,也常用花色砖铺成波打边或围出区域分割,不仅可以在视觉上形成一种隐性隔断,也可以形成空间对比,营造出不同的氛围(如图4-4-1)。

2. 亚光砖

亚光砖是相对于抛光砖而言的,表面吸水率低,砖面细腻、光滑。亚光砖相对于高亮瓷砖反射系数较低,亚光釉面砖是仿古砖的一种,颜色变化自然、造型丰富(如图4-4-2)。

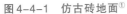

图4-4-1　仿古砖地面[①]　　　　图4-4-2　亚光砖地面[②]

当然美式厨房地面的选择性也很多,仿木砖、釉面砖、玻化砖、抛光砖等都可以(如图4-4-3、4-4-4)。但考虑到厨房是居室内最潮湿的地方之一,因此选择地面材料的前提是防滑,同时吸水率低、易于清洁也是必须要考虑的因素。关于

---

① 仿古砖地面.2015-02-28,http://91.jiaju.sina.com.cn/tupian/748498.html。

② 亚光砖地面.2015-10-15,https://suzhou.home.fang.com/news/2015-10-15/17668397_all.htm。

以上砖体的属性,我们已经在客厅材料章节作了详细介绍和分析,大家可以通过分析比较再结合搭配选择合适的厨房地面材料。

图 4-4-3　水刀拼花地面①　　　　图 4-4-4　木地板地面②

(二)厨房顶面

厨房的吊顶有集成吊顶和石膏板吊顶。在普通户型中,我们通常用集成吊顶,而石膏板吊顶造型多用于洋房别墅的厨房顶面。

1. 集成吊顶

集成吊顶是 HUV 金属方板与电器的组合,可分为扣板模块、取暖模块、照明模块、换气模块,安装简便、布置灵活、维修方便,已成为当下厨房、卫生间、阳台吊顶的主流(如图 4-4-5)。

铝扣板是集成吊顶的通用材料,有材质轻、弹性大、耐酸碱、防火、防尘、防潮、隔音好、抗静电、环保、可回收等优点,缺点是绝热性较差,单铝扣板安装难度较高,集成吊顶就不存在安装问题。铝扣板也分覆膜板、滚涂板、阳极氧化板三种材质,这三种材质都是在铝扣板表面进行不同处理而形成的。覆膜板是用胶水贴一层 PUC 的膜,含甲醛不环保,在太阳下晒易变色;滚涂板是经过 280℃ 的高温直接烤漆到铝板上,环保无毒、不易变色;阳极氧化板是将金属制件作为阳极,采用电解的方法使其表面形成氧化物薄膜,从而保护金属表面,提高了其耐腐蚀性、耐磨性及表面硬度,纯度越高的铝材价格就越高,是较为高档的扣板材质。

2. 防水石膏板

根据美国 ASTM 标准防水石膏板的吸水率为 5%,能够用于湿度较大的区域,如卫生间、厨房等。由于在石膏芯材内加入了定量的防水剂,因此石膏板本身具

---

① 水刀拼花地面.2017-06-29,http://www.jia360.com/new/9911.html。

② 木地板地面.2016-04-29,http://www.nipic.com/show/14710272.html。

有一定的防水性能,但它不可直接暴露在潮湿环境中。现在也有不少家庭会选择防潮石膏板和防水乳胶漆来做厨房的吊顶(如图4-4-6),这样的顶面造型丰富多变、豪华大气,但价格也相对较高。石膏板比铝扣板的使用寿命更短,防潮能力更差,加上中国人的厨房油烟较重,容易导致白色石膏变黄,难以清理。

图4-4-5　厨房集成吊顶①　　　　　　　　图4-4-6　防水石膏板吊顶②

(三)厨房墙面

1. 釉面内墙砖

釉面内墙砖俗称瓷砖。因为它的精陶面上有一层釉,所以称之为釉面砖,它表面光滑、图案多样(如图4-4-7)。釉面砖具有不吸污、耐腐蚀、易清洁的优点。釉面砖吸水率较高,陶体吸水膨胀后,表层釉面会处于压力状态,如果长期冻融,会出现剥落掉皮现象,因此不适用于室外墙面。

4-4-7　釉面砖墙面③

图4-4-8　仿古砖墙面④

① 厨房集成吊顶.2018-10-15,https://www.tuozhe8.com/forum.php?mod=viewthread&tid=1347599。

② 防水石膏板吊顶.2016-04-06,https://hefei.house.qq.com/a/20160406/022093.htm。

③ 釉面砖墙面.2018-09-20,http://dy.163.com/v2/article/detail/DS549EED0520UE5E.html。

④ 仿古砖墙面.2019-04-20,https://pic.jiajuol.com/picview_484934_0_30_0.html。

2. 仿古砖

仿古砖的属性已在前面章节做详细介绍,看看美式厨房墙面贴仿古砖的效果吧(如图4-4-8)。

3. 地铁砖

地铁砖是釉面砖的一种,最早出现在1904年的纽约,它通过反射光线使自己保持光亮而得名,也被称为"小白砖"。常见的地铁砖有亮光和哑光的,其特点是防滑、耐脏、易清洁,因此在厨房、卫生间的应用也越来越广泛(如图4-4-9)。地铁砖的常见形状有正方形、长方形、六边形等。贴小白砖需要填缝的程序,但这些缝隙比较难清洁。

贴墙砖是为了不让墙面被水渍、油渍溅上,因此,厨房墙面要选防潮、防水、抗污、耐磨、易于清洁的材料,同时也要注重美观和搭配。除了以上列举的材料,花砖、玻璃等材质也可以用于厨房墙面,设计者需要通过对材料的比较分析,选择满足业主需求的材料。

图4-4-9 地铁砖墙面[①]

图4-4-10 耐火板整体橱柜[②]

(四)厨房整体橱柜门板

整体橱柜是将传统的分散的家电、橱柜进行整合的产品。通过实行整体配置、整体设计、整体施工装修,从而实现厨房在功能、科学和艺术三方面的完整和统一。除了外观和整体质量之外,我们在选择整体橱柜材料的时候,重点要关注门板材料,考虑门板基材的坚固性、抗变形性、防潮性、防水性、表面耐磨性等。

① 地铁砖墙面.2018-07-26,https://m.sohu.com/a/243383356_661759。
② 耐火板整体橱柜.2018-04-25,https://www.sohu.com/a/229375087_100158408。

如今市场上的新材料和新工艺不断推陈出新,门板砂类也比较多。

1. 耐火板门板

耐火板门板通常用环保E1级大芯板作基材,外贴优质、环保的防火板。它具有表面耐磨、耐高温、耐脏、耐划痕、抗渗透、易清洁、色彩艳丽、不易变形等优点,符合现代厨房使用要求,并且有些花色专为厨房设计,是现在市场上较为常见的门板材料(如图4-4-10)。

2. 烤漆门板

烤漆门板指的是在优质E1中密度纤维板等基材上,喷涂多道环保油漆,再通过烘烤干燥或表层磨光等工艺处理的门板(如图4-4-11)。这种门板色彩丰富,通常不需要封边,耐污性较好。其中金属漆具有高光色泽与金属质感,豪华大气。这种材质对制作工艺、加工环境及操作技术的要求很高,若工艺达不到标准,容易造成漆面不均匀、局部漆脱落或沾染污迹等问题。因此,在使用烤漆门板时需注意保养,避免让门板受到冲击或划伤。

图4-4-11　烤漆门板整体橱柜[①]　　　　图4-4-12　水晶板整体橱柜[②]

3. 不锈钢门板

不锈钢门板的基材一般采用日本、韩国、中国台湾等地进口的优质SUS304板(冷轧板,常用厚度为0.6mm)。它表面采用磨砂工艺,不锈钢材质耐酸碱、使用寿命长,但色彩单调,所以采用纯不锈钢板做橱柜门板材料的客户不多(如图4-4-13)。如果不锈钢门板和其他材质门板搭配使用,就能兼具实用性和美观性。

① 烤漆门板整体橱柜.2018-10-20,http://www.ch028.net/html/xingyexinwen/jiazhuangbaike/jia-zhuangzhishi/2018/1020/15772.html。

② 水晶板整体橱柜.2015-05-30,http://www.zx123.cn/xiaoguotu/20150530389472.html。

4. 实木门板

实木门板保留了天然木材特有的纹理和质感,能给人回归自然本真的感觉。我国高档实木橱柜门板多采用进口高档实木制作,加入边、角、装饰线条等工艺处理和油漆工艺,做成各种典雅的门板造型,带有浓浓的贵族气息,虽然价格较高,但仍深受成功人士喜爱(如图4-4-14)。

图4-4-13　不锈钢板整体橱柜[1]　　　　图4-4-14　实木门板整体橱柜[2]

(五)厨房整体橱柜台面

1. 防火板

防火板又称耐火板,也就是刨花板(人造板),学名为"热固性树脂浸渍纸高压层积板"。防火板是原纸(钛粉纸、牛皮纸)经过三聚氰胺与酚醛树脂的浸渍工艺,经过高温高压环境制成的。它的价格比实木板低,色彩鲜艳,封边形式多样,花纹的选择性大,耐磨,防潮,不褪色,表面防火性能好,缺点是不耐烫(如图4-4-15)。

2. 天然大理石

天然大理石的主要成分是$CaCO_3$。大理石台面造价低、纹理自然、硬度较高、耐磨、耐高温、不易变形,但是大理石表面有较多孔隙,脏污容易渗入,不易清洁(如图4-4-16)。

3. 石英石

石英石是人造石的一种,它通过打碎石英石再用树脂粘合而成,石英含量高达93%。石英石硬度高、耐划、耐压、耐高温、耐酸碱油污、抗菌,缺点是拼接时做

---

① 不锈钢板整体橱柜.2015-05-22,http://www.zuowen2.info/xzz/image/2527398675/。

② 实木门板整体橱柜.2019-04-04,http://www.huitongmuye.cn/product/wulumuqi_230.html。

不到无缝(如图4-4-17)。

4.不锈钢

不锈钢适合用于工业风格和简约风格,不锈钢台面是最易清洁的台面(如图4-4-18)。它的优点是耐火、耐高温、抗菌,可以做成无缝一体式;它的缺点是耐磨性差,容易产生划痕。如果不锈钢板不够厚的话,长期受热容易变形。

图4-4-15　防火板台面①

图4-4-16　天然大理石台面②

图4-4-17　石英石台面③

图4-4-18　不锈钢台面④

七、练一练

1.制作完成厨房材料分析表。

2.集成吊顶包括哪些部分? 比较其与传统吊顶的区别。

---

① 防火板台面.2015-11-23,http://www.biyebi.com/baike/article_3409.html。

② 天然大理石台面.2018-07-02,http://www.365azw.com/share/s-325801.html。

③ 石英石台面.2016-10,http://blog.sina.com.cn/s/blog_1312bd94d0102wafs.html。

④ 不锈钢台面.2020-03-04,http://www.eshow365.com/wiki/x8vaowlidf-article-985976.html。

3. 描述橱柜台面的安装过程。

任务五　厨房装修预算

一、任务描述

1. 此次任务要求学生以小组为单位,在熟悉各装饰材料属性的基础上,了解做装修预算的步骤,并学会编制装修预算表格,完成装修预算表(表4-5-1)。

2. 教师检验,讲解在编制预算表中的注意事项。

表4-5-1　装修预算表

项目四:古典美式厨房									
序号	项目名称	单位	数量	主材	辅材	人工	损耗	单价	金额(元)	工艺做法及材料说明
1										
2										
3										
4										
5										
6										
	总金额									

二、任务学时安排

4课时

三、任务目标

1. 学生能正确掌握做装修预算的步骤。

2. 学生能运用主材、辅材、损耗等数据,完成装修预算表。

3. 组内成员相互帮助,锻炼团队合作和协调沟通能力。

四、任务基本程序

1. 分组。按班级学生的能力和特长进行合理分组,每组4-5人,并推选一人担任组长。

2. 明确本次任务的要求。在充分了解和分析本次任务要求的基础上,各小组内合理分工,进行市场调研和分析。

3. 组内制作完成厨房装修材料预算表。

4. 汇报展示。教师检验,提出问题及建议。

五、任务评价

完成任务后,请结合任务的完成情况进行评价,并填写任务评价表(表4-5-2)。

表4-5-2　任务评价表

(单位:分)

评分内容	评价关键点	分值	自评分	小组互评	教师评分
装饰材料相关资料搜集情况	1. 能正确区分厨房相关装修材料(主材/辅材)	10			
	2. 能正确填写厨房相关装修材料规格及价格	15			
	3. 各项目人工费及材料损耗量(清楚损耗原因)计算准确	25			
装修预算表完成情况	1. 装修预算表格式正确	10			
	2. 装修预算表各数据填写准确	20			
	3. 合理完成预算	10			
合计		100			

六、知识链接

(一)确定选材

根据任务四的分析,我们可以确定厨房的选材(见表4-5-3)。

表4-5-3　厨房材料表

	项目四:古典美式厨房	
区域划分	简介	材料
地面	仿古砖300*300铺设	亚光仿古砖
顶面	铝扣板整体集成吊顶(定制)	轻钢龙骨
		铝扣板
墙面	仿古砖100*100铺设	仿古砖

(二)填写项目名称

以上表格内是已确定的主要装修部分材料,另外我们还需根据实际情况选择厨房其他用材,比如顶角线、门套、移门等,然后将确定的材料填入项目名称一栏中,并根据材料特点填写单位(如表4-5-4)。

表4-5-4　厨房材料预算步骤表Ⅰ

										项目四:古典美式厨房
序号	项目名称	单位	数量	主材	辅材	人工	损耗	单价	金额(元)	工艺做法及材料说明
1	地面仿古砖300*300	m²								
2	地面防水	m²								
3	墙面仿古砖100*100	m²								
4	铝扣板吊顶	m²								
5	顶角线	m								
6	大门套	m								
7	钛合金移门	m²								
8	橱柜	m								
9	厨房三件套	套								
	总金额									

(三)确定价格

通过查阅资料或者市场调研,我们可以得到300*300仿古砖、铝扣板等各材料价格和人工费用。接下来,我们需要明确损耗范围,填写完成数量、主材、辅材、人工和损耗部分(如表4-5-5)。

表4-5-5　玄关材料预算步骤表 Ⅱ

序号	项目名称	单位	数量	主材	辅材	人工	损耗	单价	金额(元)	工艺做法及材料说明
							项目四:古典美式厨房			
1	地面仿古砖 300*300	m²		280	15	18	5%			
2	地面防水	m²		11.8	8.8	6	5%			
3	墙面仿古砖 100*100	m²		200	15	20	5%			
4	铝扣板吊顶	m²		130	21	16	5%			
5	顶角线	m		15	0.4	3	5%			
6	大门套	m		50	7	15	5%			
7	钛合金移门	m²		200						
8	橱柜	m		5000		100				
9	厨房三件套	套								
	总金额									

(四)计算

根据平面图和立面图(图4-5-2、图4-5-3),可计算得出相关部分的面积等数据。厨房部分长为3.42m,宽为2.4m,厨房地面和顶面面积＝长×宽＝3.42×2.4＝8.2m²。除去吊顶和地面后的层高为2.65m,除去门窗后墙面面积为20.8m²。同时,还可以根据平立面测量计算得出顶角线、门套、橱柜等的长度,将表格内数量一栏完成,再计算单价和总价。

单价＝主材＋辅材＋人工＋(主材×损耗);金额＝单价×数量

以墙面仿古砖为例,单价＝200＋15＋20＋(200×5%)＝245(元/m²);金额＝

245×20.8＝5096元。按照以上公式我们便可计算得出各项金额,加总求得总价。如有需要在最后一列加上工艺做法及材料说明,这样便基本完成了厨房的装修材料预算表(如表4-5-6)。

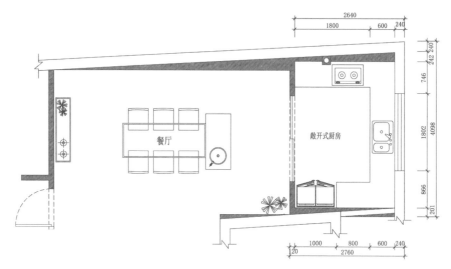

图 4-5-1　厨房平面图

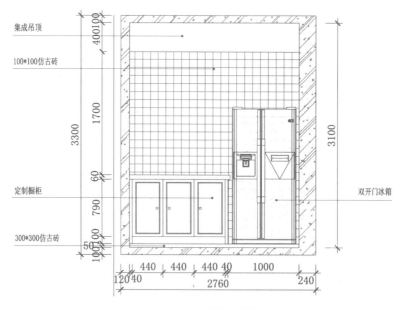

图 4-5-2　厨房立面图

表 4-5-6 厨房装修材料预算表

序号	项目名称	单位	数量	主材	辅材	人工	损耗	单价	金额（元）	工艺做法及材料说明
						项目四:古典美式厨房				
1	地面仿古砖 300*300	m²	8.2	280	15	18	5%	327	2681.4	材料:双马水泥、中沙 工艺流程:清扫基层,刷素水泥浆一遍,找水平,试排弹线,干贴工艺,勾缝,清理,纸板遮盖保护
2	地面防水	m²	8.2	11.8	8.8	6	5%	27.19	222.958	高分子卷材防水材料、辅料
3	墙面仿古砖 100*100	m²	20.8	200	15	20	5%	245	5096	材料:双马水泥、中沙 工艺流程:清扫基层,刷素水泥浆一遍,找水平,试排弹线,干贴工艺,勾缝,清理,纸板遮盖保护
4	铝扣板吊顶	m²	8.2	130	21	16	5%	173.5	1422.7	材料:条形0.5厚铝扣板、专用龙骨、专用铝质阴角线、钢膨胀钉 工艺流程:钢膨胀钉,专用龙骨安装,扣板安装,专用阴角线安装(注:含扣板损耗、专用铝质阴角线)
5	顶角线	m	11.6	15	0.4	3	5%	19.15	222.14	30*30常规阴角线
6	大门套	m	6	50	7	15	5%	74.5	447	环保杉木板、柚木夹板、饰面板线条、常春藤无笨油漆(二底三面)
7	钛合金移门	m²	4	200					200	800	厂家定制,包安装
8	橱柜	m	7	5000		100			5100	35700	厂家定做(欧派橱柜),包括台面、拉篮(正、立)和五金
9	厨房三件套	套	1							8000	热水器、燃气灶、油烟机(老板电器)
	总金额								54592.198	

七、练一练

1. 制作完成厨房装修材料预算表。

2. 厨房整体橱柜底下的地面和后面的墙面需要铺地砖和墙砖吗？为什么？

项目五

现代卫生间设计

 项目导读

此案建筑面积为 110m²（如图 5-0-1、5-0-2）。户主是一对夫妇,育有一儿一女。

夫妇二人都喜爱现代简约风格,装修预算在 30 万元左右。考虑到孩子们喜欢光着脚玩耍,建议全屋使用防滑地砖,卫生间需增设带有安全保护的防水插座,居室内的灯光尽量柔和,以免儿童直视灯光造成眼睛的损伤。户主曲女士的化妆用品较多,要预留一个梳妆柜以增加储物空间。曲女士的先生平时喜爱泡澡,希望能在卫生间放置浴缸。

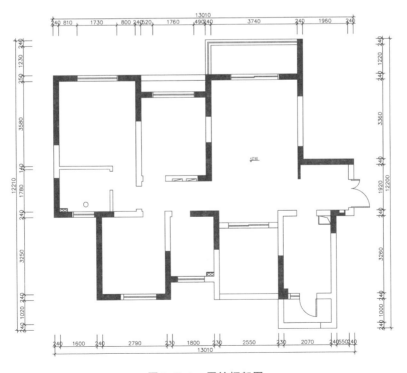

图 5-0-1　原始框架图

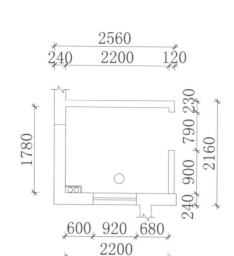

图 5-0-2 卫生间原始框架图

 项目实施

任务一 探究活动:"简约而不简单"的现代风格

一、任务描述

1. 说一说。学生以小组为单位,课前通过网络、书籍等渠道了解第二次工业革命后人们对现代设计的思考及探索,可以从工业产品、现代建筑、城市规划、传播媒介等方面进行介绍。

2. 议一议。在了解现代主义设计的基础上,讨论现代主义设计思想对现代简约风格的设计理念及特点产生的影响。

3. 思一思。思考我们应当如何看待科学技术的进步对文化艺术领域产生的影响。

二、任务目标

1. 学生能够通过了解现代主义设计的源起和发展,进一步认识现代简约风格。

2. 学生能够通过讨论进一步理解现代简约风格的理念和特点。

3. 学生能够通过思考科技进步对文化艺术的影响,学会辩证地看待科技进步对人类的影响。

三、任务学时安排

1课时

四、任务基本程序

1. 分组。按班级学生的能力和特长进行合理分组,每组4~5人,并推选一人担任组长。

2. 明确本次任务的要求。在充分了解和分析本次任务要求的基础上,各小组组内合理分工,搜集、查阅相关资料。

4. 课上展示、讨论、辩析。

五、任务评价

完成任务后,请结合任务的完成情况进行评价,并填写任务评价表(表5-1-1)。

表5-1-1 任务评价表

(单位:分)

评分内容	评价关键点	分值	自评分	小组互评	教师评分
"说一说"	1. 介绍内容准确,符合现代主义思想	10			
	2. 讲述者表达清晰、有感染力	20			
"议一议"	1. 发言积极踊跃	10			
	2. 发言内容切题、言之有物	20			
"思一思"	1. 能够辩证地认识科技进步对文化艺术的影响	20			
	2. 能够辩证看待科技进步对人类的影响	20			
合计		100			

六、知识链接

现代主义设计思想简介如下:

1. 现代主义设计产生背景

19世纪末20世纪初,世界各地特别是欧美国家的工业技术发展迅速,新的设备、机械、工具不断被发明出来,极大地促进了生产力的发展,同时对社会结构和人民生活产生了很大的冲击。虽然工业技术有所发展,但与技术发展相适应的现代设计却没有得到很大发展。不管在功能上,还是在外形上,那时的设计都存在众多问题。之前的设计运动大多数逃避甚至反对工业化,与当时的工业化背景不相符合,因此必须有新的设计风格出现,以解决新问题。而现代主义设计的出现就是为了适应现代工业化的发展潮流。

总体而言,现代主义设计是知识分子希望改变设计为权贵阶层服务的现状,让设计真正为社会群众服务,因此现代主义设计的目的性和功能性是第一位的,又具有强烈的理想主义、乌托邦主义和民主主义成分。

2. 现代主义设计历史发展

现代主义设计起源于20世纪20年代的欧洲,由包豪斯开端,在欧洲发展了几十年(如图5-1-1)。二战时期,欧洲大批设计师远走美国,也将现代主义设计思想带到了美国。现代主义思想和当时美国的社会背景与文化思潮相结合,诞生了国际主义风格。因此,现代主义在美国迅速发展,最后影响到了世界其他国家,并成为20世纪设计的核心。

图 5-1-1　包豪斯德绍校舍大楼[1]

---

[1] 包豪斯德绍校舍大楼.2019-03-22,https://www.sohu.com/a/303084010_100300721。

但在国际主义盛行之后,现代主义设计逐渐走向了形式主义的道路。二十世纪六七十年代,现代主义尤其是其后来衍生的国际主义风格因其垄断的、近乎单调的特点受到了质疑和挑战,后现代主义设计、解构主义设计逐渐占据上风,现代主义设计逐渐衰落(如图5-1-2～图5-1-4)。

图5-1-2 现代主义风格建筑①

图5-1-3 后现代主义风格建筑②

图5-1-4 解构主义风格建筑③

① 现代主义风格建筑.2017-05-13,https://www.sohu.com/a/140326275_491458。
② 后现代主义风格建筑.2017-05-13,https://www.sohu.com/a/140326275_491458。
③ 解构主义风格建筑.2018-08-18,https://www.archdaily.cn/cn/900218/shi-yao-shi-jie-gou-zhu-yi。

虽然现代主义运动逐渐衰落,但现代主义的设计精神和表现形式一直影响至今,为当代设计提供着源源不断的灵感。

七、练一练

1. 简述现代主义风格的发展历史。

2. 找一找当今市场的现代风格家具品牌(例如无印良品),并结合品牌的设计理念尝试讲述该国的历史发展。

任务二 测量、绘制——卫生间家具与人体的关系

一、任务描述

1. 此次任务要求学生以小组为单位,通过查阅资料、测量卫生间中主要家具的尺寸与人体相关联的尺寸,填写完成卫生间家具分析表(表5-2-1),由此分析卫生间家具与人体之间的关系。

2. 通过调查、分析,各小组绘制完成卫生间主要家具的三视图及主要家具尺寸与人体尺寸之间的关系图(见表5-2-1)。完成后,选派代表进行展示说明。

3. 教师点评,讲解卫生间主要家具与人体尺寸之间的关系。

二、任务目标

1. 学生通过多种渠道的查阅和分析,能说出卫生间主要家具与人体尺寸之间的关系。

2. 学生能准确说出卫生间主要家具的尺寸并绘制三视图。

3. 培养学生的团队协作能力和表达能力。

三、任务学时安排

4课时

四、任务基本程序

1. 分组。按班级学生的能力和特长进行合理分组,每组4~5人,并推选一

人担任组长。

2. 明确本次任务的要求。在充分了解和分析本次任务要求的基础上,各小组内合理分工,搜集、查阅相关资料,并完成本次任务初稿。

3. 完成作业内容。搜集资料进行汇总和分析,填写表5-2-1。

表5-2-1　卫生间家具分析表

家具类型	家具数值	相关人体数值	具体数值	绘制
座便器	坐高（例）	小腿窝高	400mm	三视图
	坐宽			
洗漱台	长			三视图
	宽			
	高			
淋浴间	长			三视图
	宽			
	高			
浴缸	长			三视图
	宽			
	高			
家具间的尺寸关系及与人体尺寸的关系	座便器与其他家具间的最佳距离			关系图
	洗漱台与其他家具间的最佳距离			关系图
	淋浴间与人体的尺寸关系			关系图
	浴缸与人体的尺寸关系			关系图

4. 展示交流。各小组在课堂上共同展示交流此次调查结果,互相查漏补缺、协作学习。

五、任务评价

完成任务后,请结合任务的完成情况进行评价并,填写任务评价表(表5-2-2)。

表 5-2-2　任务评价表

(单位:分)

评分内容	评价关键点	分值	自评分	小组互评	教师评分
作业内容	1. 完成并正确填写表格中的内容	20			
	2. 三视图绘制完整	20			
	3. 三视图尺寸标注正确、符合标准	20			
	4. 家具尺寸与人体尺寸之间的关系分析到位	20			
作业展示	1. 三视图绘制清晰、精美	10			
	2. 展示代表仪台大方、表述清晰	10			
合计		100			

六、知识链接

(一)卫生间中的主要家具尺寸

在家庭生活中卫生间是使用频率最高的场所之一,也是人解决基本生理需求的地方,还具有一定的私密性。因而卫生间设计要时刻体现人文关怀,布置时要合理组织功能和布局。

卫生间一般有两条动线,一条是如厕时的动线,一条是盥洗时的动线(如图5-2-1、图 5-2-2)。

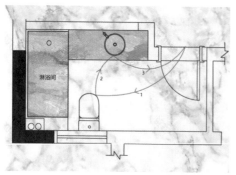

图 5-2-1　卫生间如厕动线图

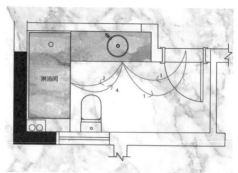

5-2-2　卫生间盥洗动线图

卫生间中的主要家具包括座便器、洗漱台、淋浴间、浴缸等,具体的家具选用可以视卫生间的面积和设计需求而定。

1. 常见座便器的尺寸

座便器的尺寸一般较为固定,高700～850mm,宽400～490mm,坐高一般在390～480mm,坐深一般在450～470mm,坑距一般有305mm、350mm、400mm等几种尺寸。这里说的坑距指的是座便器下排水预留口与后面墙壁的距离。我们需要测量相应尺寸才能购买适用的座便器。设计在卫生间时,应充分考虑并预留出座便器的空间(如图5-2-3)。如果有智能马桶盖或智能马桶,则需预留更大空间安装插座。

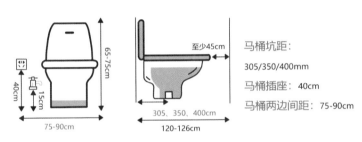

图5-2-3　座便器预留尺寸

2. 常见洗漱台的尺寸

图5-2-4　洗漱台①

---

① 花瓣每日精选:卫生间洗手台.2015-12-29,https://huaban.com/pins/569593898/。

　　洗漱台的尺寸受卫生间空间的影响较大,一般在布置完座便器、淋浴间、浴缸等家具后,再确定洗漱台的尺寸(如图5-2-4)。如果要得到最舒适的洗漱台空间,可在台盆中心到两侧的墙面各留550mm的净空尺寸,用于放置洗漱用品等(如图5-2-5)。但为了节约空间,也有把洗漱台缩小到300mm左右的设计,这时洗漱台就只具备简单的洗漱功能而不具备储物功能(如图5-2-6)。

　　洗漱台的宽度一般在480~610mm,方便人低头洗漱以及有足够的活动距离。洗漱台的高度则与人的身高有关,一般为940~1090mm,这是人最舒适的洗漱高度,同时也便于人存取洗漱台下的物品。

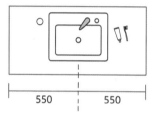

图5-2-5　卫生间洗漱台(1)　　图5-2-6　卫生间洗漱台(2)

3. 常见的淋浴间尺寸

家庭中常用的淋浴间有三种,分别为扇形淋浴间、钻石形淋浴间以及方形淋浴间。不同的淋浴间尺寸要求也有所不同。

图5-2-7　扇形淋浴间①

---

① 空气视透明的:扇形淋浴间.2019-11-07,https://www.zcool.com.cn/work/ZNDA1MzgzMzY=.html.

扇形淋浴间(如图5-2-7)可分为标准尺寸和非标准尺寸两大类,其中标准尺寸有 900×900mm、1000×1000×1950mm、900×1000×1950mm 等;而非标准尺寸有 850×900×1950mm、850×1000×1950mm、900×1100×1950mm。

图 5-2-8　钻石淋浴间[1]

钻石淋浴间(如图5-2-8)尺寸一般在 900×900×1950mm,根据卫生间面积的大小,占地面积会稍微变化。

图 5-2-9　方形淋浴间[2]

[1] 德立淋浴房:钻石淋浴间.2020-03-11,http://www.delicacy.cn/product?bigSort=3&smallSort=73。
[2] KIKI小宇宙之春森:方形淋浴间.2017-02-21,https://huaban.com/pins/1028012239/。

　　而在卫生间中,最常见的淋浴间则是方形淋浴间(如图 5-2-9)。其尺寸有800×1000×1950mm、900×1000×1950mm、1000×1000×1950mm 等。一般来说,淋浴房的设计没有规定尺寸,可视卫生间的形状和大小而定。

　　不同淋浴间的形状有所不同,但高度基本都在 1950mm 以上,同时设计空间都需大于一个成年人在淋浴时的活动范围。相对而言,扇形淋浴间和钻石淋浴间较为节省空间,方形淋浴间则更为舒适。

　　4. 常见浴缸尺寸

图 5-2-10　浴缸[①]

　　现代家庭中,常常会在卫生间加入浴缸的设计(如图 5-2-10)。浴缸的高度一般在人可以跨入的范围内,所以高度一般在 700mm 左右。浴缸的长则和人体的身高相关,一般人伸直腿坐下后臀部到脚的距离是浴缸的最短长度,一般在1420~1520mm;而宽度则和人体的肩宽有关,一般在 660~680mm。如果是双人浴缸,则长度和宽度需适当增加(如图 5-2-11)。单人浴缸尺寸一般是 1500×650×700mm,双人浴缸尺寸一般是 1700×1100×700mm。

---

① 褪色的微笑:浴缸.2017-03-19,https://huaban.com/pins/1062939854/。

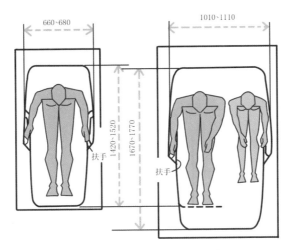

图 5-2-11　单人、双人浴缸[1]

（二）卫生间家具与人体的尺寸关系

1. 座便器与人体的尺寸关系

座便器所需的最小空间为 800*1200mm，其前端到障碍物的距离应大于500mm（如图 5-2-12），以方便站立、坐下、整理衣服等动作（如图 5-2-13）。

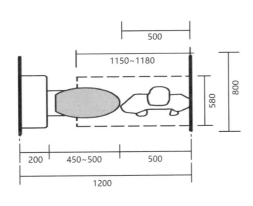

图 5-2-12　整衣平面[2]

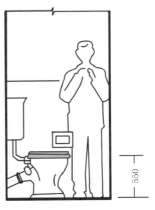

图 5-2-13　整衣立面[3]

---

① 理想·宅：《设计必修课·室内设计与人体工程学》，化学工业出版社 2019 年版。

② 理想·宅：《设计必修课·室内设计与人体工程学》，化学工业出版社 2019 年版。

③ 理想·宅：《设计必修课·室内设计与人体工程学》，化学工业出版社 2019 年版。

在使用座便器时,人需要取用手纸。在取用手纸时,人有弯腰的动作,因此手纸盒的位置应设置在人坐在座便器上时手的活动距离内,一般位于人坐下时人后背前方880mm左右的距离(如图5-2-14)。如座便器旁有储物柜或搁板,则其离座便器的距离应在730mm左右(如图5-2-15)。

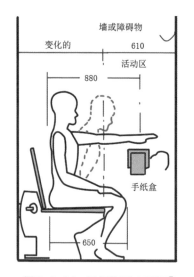

图5-2-14　手纸取用立面图①

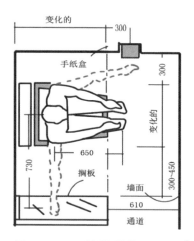

图5-2-15　手纸取用关系平面图②

2. 洗漱台与人体尺寸关系

盥洗环节主要涉及的是台盆处的洗漱动作,洗漱台前要为人的活动留足空间。另外,洗漱间还要考虑两人同时使用的情况,所以洗漱台前需留足1220mm左右的一人通行空间。

洗漱台墙面上需要设计镜子,镜子的高度与人的身高有关,一般最高处需在人的视平线以上,也就是1620mm以上的高度。洗漱台的下方有较大的空间,一般可以用来存放洗漱用品等,这些收纳区域的具体尺寸需要根据洗漱台的尺寸进行设计(如图5-2-16)。

---

① 理想·宅:《设计必修课·室内设计与人体工程学》,化学工业出版社2019年版。
② 理想·宅:《设计必修课·室内设计与人体工程学》,化学工业出版社2019年版。

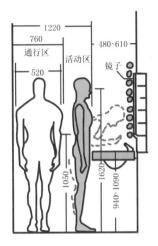

图 5-2-16　洗漱台的尺寸①

3.洗浴设施与人体的尺寸关系

家庭中,洗浴可采用淋浴或者坐浴。这两种洗浴方式所涉及的动作尺寸、动作范围相差较大。因此在选择洗浴设施时应该根据主人习惯、动作尺寸来合理利用其卫浴空间。

(1)淋浴间

淋浴间内的设施较多(如图 5-2-17、图 5-2-18),主要有开关、把手、喷头、存放处等,有些淋浴间还会设计可以坐下的区域。

开关和把手一般位于距离地面 1010～1220mm 的位置,这个位置便于各种身高的人开关水,同时也方便扶着把手捡拾或者洗浴。

喷头一般位于 1360mm 以上的位置。当然,也可以根据使用者的身高稍作调整。不过,不同高度的喷头对水温也有一定影响。由于家庭用淋浴间常常是混用,所以常常在喷头上做可调节的设计。

存放处一般设置在使用喷头时水难以喷溅到的位置,具体位置可以视淋浴间的设计确定(如图 5-2-18)。

坐下区域的坐高在 380mm 左右,坐深在 300mm 以上,坐宽可根据淋浴间的大小有所调整,但最小不能小于 380mm。

① 理想·宅:《设计必修课·室内设计与人体工程学》,化学工业出版社 2019 年版。

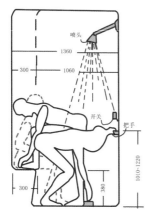

5-2-17　淋浴间立面图①

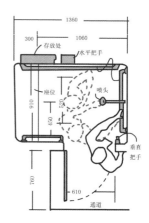

5-2-18　淋浴间平面图②

（2）浴缸

现代很多家庭常常会在家中的卫生间设计浴缸,使洗漱体验更加舒适。浴缸一般会做泡澡和淋浴两用的设计,其淋浴的喷头设计与淋浴间一致,一般在1360mm以上的位置,但开关较淋浴间的更低,一般位于距离地面760~880mm的高度(如图5-2-19),因为这样更方便泡澡时使用。

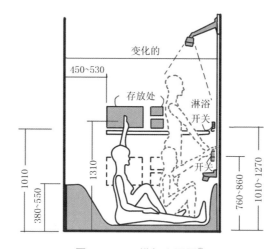

图 5-2-19　浴缸立面图③

---

① 理想·宅:《设计必修课·室内设计与人体工程学》,化学工业出版社2019年版。
② 理想·宅:《设计必修课·室内设计与人体工程学》,化学工业出版社2019年版。
③ 理想·宅:《设计必修课·室内设计与人体工程学》,化学工业出版社2019年版。

同时,存放处的位置较淋浴间也会更低。因为人坐在浴缸中时,手最多能触碰到距离地面1310mm左右的高度,因此存放处一般距离地面1010mm左右,便于人在浴缸泡澡时取用物品。

七、练一练

1. 卫生间的洗漱台上应设计一面镜子,请结合所学知识,为曲女士家的卫生间设计合理的镜子高度。

2. 运用所学知识,为导读中的这对夫妇规划卫生间内主要家具的尺寸及家具布局。

任务三 绘制卫生间平面布置图、立面图

一、任务描述

1. 此次任务要求学生以小组为单位,分析项目原始框架图,依据卫生间设计的功能要求,结合业主设计需求,对案例户型的卫生间区域进行合理的布局设计。

2. 要求在确定卫生间布局设计方案的基础上,小组分工绘制卫生间平面布置图,并选取一个立面绘制一张卫生间的立面图。各小组展示、说明设计思路、分享设计方案。

3. 教师点评,讲解卫生间布局设计与绘制相关图纸的注意事项。

二、任务目标

1. 学生能理解卫生间的概念,了解卫生间常见的布局形式,能灵活运用卫生间的设计原则对卫生间区域进行合理布局设计。

2. 学生所绘制的平面布置图与立面图数据合理,既符合人体工程学要求,又能满足客户需求。

3. 在展示过程中,学生能运用专业术语准确表达方案。

4. 通过完成项目任务,提高学生分析问题的能力,培养学生团结协作精神,让学生互相帮助、共同完成任务。

三、任务学时安排

4课时

四、任务基本程序

1. 分组。按班级学生的能力和特长进行合理分组,每组4~5人,并推选一人担任组长。

2. 明确本次任务的要求。在充分了解和分析本次任务要求的基础上,各小组内合理分工,搜集、查阅相关资料,并完成本次任务初稿。

3. 绘制图纸。各小组确定卫生间布局设计方案,绘制相应图纸。

4. 展示交流。各小组在课堂上展示交流设计思路与设计方案,互相查漏补缺、协作学习。

五、任务评价

完成任务后,请结合任务的完成情况进行评价,并填写任务评价表(表5-3-1)。

表5-3-1　任务评价表

(单位:分)

评分内容	评价关键点	分值	自评分	小组互评	教师评分
卫生间布局设计方案	1. 卫生间空间布局合理	20			
	2. 能结合人体工程学知识合理布置卫浴洁具	20			
	3. 设计风格和设计方案符合业主要求	10			
图纸绘制	1. 视图的投影关系准确	10			
	2.尺寸标注准确,文字标注完整	10			
	3. 图纸能正确表达设计方案	30			
合计		100			

六、知识链接

（一）卫生间的概念

卫生间是有多种功能和设备的家庭公共空间，又是私密性要求较高的空间。一个卫生间的标准设备一般由三大部分组成：洗脸设施、便器设施、淋浴设施。

（二）卫生间的布局形式

卫生间的平面布局与户型、家庭人员构成、生活习惯、设备大小等因素有很大关系。一般有以下几种布局形式：

1. 独立型

独立型卫生间指洗脸设施、便器设施、淋浴设施等设备相互独立的卫生间。这种布局形式的优点是各室可以同时使用，尤其是在使用高峰期可避免相互干扰，各室功能明确，使用起来舒适方便。缺点是空间占用较多，建造成本较高（如图 5-3-1）。

图 5-3-1　独立型卫生间①

2. 兼用型

兼用型卫生间将洗脸池、便器、洗浴等设备集中在一个空间。兼用型的优点是节省空间、造价经济，缺点是一人占用洗浴区时，他人将无法使用其他功能（如图 5-3-2）。

---

① 独立型卫生间 .https://www.zhuangyi.com/zsgsh/wz.aspx?mid=112462&aid=1320500/.

图 5-3-2　兼用型卫生间①

3. 折中型

折中型卫生间是卫生间中的几个基本设备合并在一起的空间。折中型的优点是相对节省空间,组合也较自由。缺点是部分设备集于一室,仍会存在互相干扰的现象(如图 5-3-3)。

图 5-3-3　折中型卫生间②

(三)卫生间的设计要点

为满足不同的个性需求,卫生间的功能应可以拆分,如沐浴、梳妆和如厕相对独立,但也可有机结合,如卫生间设置在卧室内。

---

① 兼用型卫生间 .https:/ www.wendangwang.com/。

② 折中型卫生间 .2018-06-04,http://nb.17house.com/xx/xgt9/119340.htm/。

卫生间设计要尽量保障良好的通风和采光。卫生间环境潮湿容易滋生细菌和引发用电安全问题,而良好的通风可以在较大程度上改善这类问题。我们可以通过建筑本身的通风结构,或加装换气扇等人工排湿手段来解决这个问题(如图5-3-4)。

卫生间的用电设计需兼顾人性化和安全性。开关、插座等位置需设置合理,同时应远离水源,插座最好加上防护盖以降低漏电危险系数(如图5-3-5)。

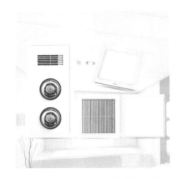

图5-3-4 卫生间换气扇[1]

图5-3-5 防溅型插座[2]

(四)卫生间布局设计

本案卫生间属于主卧室空间中的内卫,结合原始户型图,我们通过拆墙后新建一部分墙体(如图5-3-6、图5-3-7),从而更改进入卫生间的通道,简化交通路线,充分利用空间。

图5-3-6 拆除墙体图

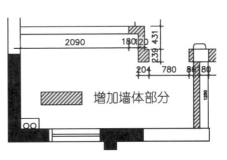

图5-3-7 新建墙体图

---

① 卫生间换气扇 .https://wqs.jd.com/data/coss/recovery/msportal2/0/56cb1d562e2ed3b34afc34909
3977310.shtml?errcode=10001/。

② 防溅型插座 .http://www.ioubon.com/news/show-6444.html/。

1. 绘制卫生间平面布置图

本案的卫生间面积约为 4.8m², 大小适中, 考虑到它是内卫, 使用人数较少, 我们可选择兼用型布局形式。根据业主需求, 在卫生间末端设置浴缸, 大小为 1780mm*800mm。在洗浴区至卫生间入口的位置设置洗手台。洗手台是卫生间的主体, 尺寸为 1470*530mm, 洗手台的下方可以收纳储物。座便器一般安装在建筑原有排污管上方, 不作移动处理。座便器预留宽度一般在 750mm 以上。图 5-3-8 是笔者根据业主需求绘制的平面布置图。

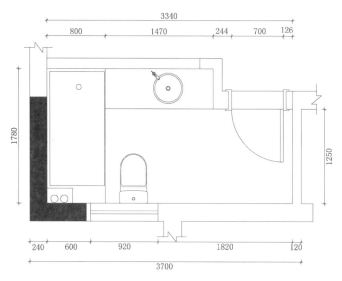

图 5-3-8 卫生间平面布置图

2. 绘制卫生间立面图

这套户型的原始层高为 2740mm, 吊顶高度为 290mm, 地面铺装高度为 50mm, 剩下的层高为 2400mm(如图 5-3-9)。以卫生间一侧为例, 从平面图上可知, 从里到外依次是洗浴区、洗手台、门。洗浴区选择了嵌入式浴缸。洗手台的高度是 800mm, 长度为 1470mm。应业主需求, 我们在洗脸池的下方设计一组橱柜。同时在洗手台的上方安装一面镜子, 宽度为 880mm, 高度最高处为 1300mm, 镜子可以有扩大卫生间的视觉效果。所有地面铺设防滑地砖, 墙面选择釉面砖、马赛克搭配陶瓷腰线, 以突出现代风格的形式美。

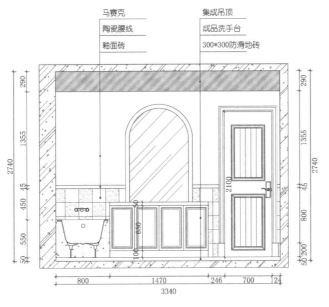

图 5-3-9 卫生间立面图

七、练一练

1. 卫生间常见的布局形式与户型、居住人口有关联吗?

2. 卫生间区域中可以摆放哪些卫浴洁具和家具,从而满足卫生间的不同功能?

3. 在绘制平面布置图与立面图时,需要注意卫生间的哪些设计原则?

4. 尝试画一画卫生间的地面铺装图与顶棚装饰图。

任务四 制作卫生间装饰材料分析表

一、任务描述

1. 此次任务要求学生以小组为单位,根据任务三完成的平面布置图、立面图,结合客户需求,分析卫生间装修所需的装饰材料。

2. 各小组通过上网搜索、市场调研等方式,了解卫生间常见装饰材料的特性,采集卫生间常见装饰材料信息,比较同类型材料之间的优缺点,并制作完成材料分析表（表5-4-1）。最后各小组确定选材,展示成果。

表5-4-1 现代简约风格卫生间材料分析表

区域分布	材料名称	吸水率	防滑性	光泽度	耐脏性	耐磨性	平整度	规格	价位	是否合适
卫生间地面	仿古砖									
	通体砖									
	玻化砖									
	釉面砖									
	抛光砖									
卫生间地面防水	材料名称	优点				缺点				是否合适
	防水卷材									
	聚氨酯防水涂料									
	911聚氨酯防水材料									
	聚合物水泥基防水材料									
卫生间顶面	材料名称	优点				缺点				是否合适
	铝扣板									
	防水石膏板									
	PVC									
	桑拿板									
卫生间墙面	材料名称	环保性		价格	普及率	施工难易	施工周期	对墙的保护	保养	是否合适
	防水壁纸									
	防水墙漆									
	墙砖									
	马赛克									

区域分布	材料名称	材料种类	优点	缺点	适用范围	是否合适
卫生间管道	金属管					

3. 教师检验成果,点评,指出不足之处。

二、任务目标

1. 学生能依据平面布置图、立面图,结合卫生间常见材料的特性,确定卫生间各区域所需装饰材料。

2. 通过制作材料分析表,学生能准确说出各材料之间的优缺点。

3. 通过小组合作,互帮互助,共同完成任务,培养学生的团结协作精神。

三、任务学时安排

4课时

四、任务基本程序

1. 分组。按班级学生的能力和特长进行合理分组,每组4～5人,并推选一人担任组长。

2. 明确本次任务的要求。在充分了解和分析本次任务要求的基础上,各小组内合理分工,搜集、查阅相关资料,完成材料信息采集。

3. 分析各装饰材料属性、功能、价格等优缺点,与同类型材料作比较,完成材料分析表,得出结论。

4. 汇报展示。各小组在课堂上汇报所搜集的材料,展示分析成果。

五、任务评价

完成任务后,请结合任务的完成情况进行评价,并填写任务评价表(表5-4-2)。

表5-4-2　任务评价表

（单位:分）

评分内容	评价关键点	分值	自评分	小组互评	教师评分
装饰材料相关资料搜集情况	1. 得出卫生间装饰材料区块分布	15			
	2. 完整列出卫生间各区块所需材料清单（需了解施工工艺）	35			
材料数据比较表格完成情况	1. 准确完成各装饰材料属性分析	20			
	2. 数据比对正确,制成材料分析表	20			
	3. 选材结论分析合理	10			
合计		100			

六、知识链接

（一）卫生间管道

在生活中,用水、沐浴、排水都离不开管道,卫生间管道分为冷热两种水管。如果卫生间采取干湿分离的设计,还需要预留充足的水龙头位置,为以后的生活带来便利。卫生间管道属于"隐蔽工程",如果后期有渗漏和爆裂等问题将会非常麻烦,所以卫生间管道材料的选择十分重要。

1. 金属管

（1）镀锌管。镀锌管在使用多年后,管内容易产生大量生锈污垢,流出的黄水会污染餐具,锈水中含量过高的重金属会对人体造成危害。

（2）铜管。铜管属于水管中的上等品,安装风险低,适合各种环境,有可重复使用、环保节能、不泄露、防震、耐腐蚀、消菌、防热胀冷缩等优点。其缺点是导热快,因此质量好的铜管外面都会覆上防止热量散发的塑料和发泡剂。铜管价格也较高,在家庭中使用不多。

（3）不锈钢管。不锈钢管消除了塑料管道的污染问题,价格也比铜管低,其安全、卫生、健康、耐用的特点,让其成为了家装管道的新宠儿。不锈钢材质耐腐蚀、不生锈、不结垢、使用寿命长、环保,可百分百回收再利用。

2. 塑料管(如图5-4-1)

(1)UPVC管。UPVC管是塑料管的一种,接口处使用胶粘剂,其抗冻和耐热能力都较差,因此冷热水管都不太适用。UPVC适用于电线管道和排污管道。

(2)PPR管。PPR是一种新型水管材料。PPR管既可作冷管也可作热管,甚至可以作纯净饮用水管道,具有无毒、质轻、耐压、耐腐蚀、不老化、不结垢等优点。其缺点是耐高温性差,长期工作温度不能超过70℃,且膨胀系数大,通热易变形。

(3)PB。PB俗称聚丁烯树脂,是由碳和氢组成的高分子聚合物,是一种线性的全同立构的半结晶性热塑性材料。它主要应用于建筑内散热器的采暖连接管道、地面辐射供暖系统以及生活冷热水管系统。其特点是绿色环保、无毒无污染、可反复加热成形、表面光洁、强度大、柔韧性和连接性都较好。

(4)PE-RT管。PE-RT管俗称耐热聚乙烯,是一种可以用于热水管非交联的聚乙烯,也被称为"耐高温非交联聚乙烯"。它是采用特殊分子设计和合成工艺生产的一种中密度聚乙烯,采用乙烯和辛烯共聚,控制侧链数量和分布得到独特的分子结构。这种管道具有较好的耐热性、柔韧性和耐压性。PE-RT管可以用于ISO10508中规定的热水管的所有使用级别。

(5)PP-B。PP-B俗称热融管,无毒、质轻、耐压、耐腐蚀,是一种在推广中的新材料,在装修中还用得比较少。这种材质不仅适合冷水管道还适合热水管道,甚至适用于纯净饮用水管道。

(6)PEX管。PEX管也叫交联聚乙烯管,耐压性好、耐酸碱(多用于化学物质输送)、耐高温、耐低温、管内外壁光滑、阻力小、不结垢、隔热保温性能好、使用寿命长。

图5-4-1　塑料管道①

图5-4-2　复合管道

① 塑料管道.2019-12-11,https://www.pp918.com/guideinfo_12934.html。

3. 复合管(如图5-4-2)

(1)铝塑复合管。铝塑复合管是最早代替铸铁管的供水管,由塑料、热熔胶、铝合金、热熔胶、塑料五层依次构成。其环保性能好、内外壁不易腐蚀、阻力小、可随意弯曲,适合用作明管或埋于墙内,不宜埋入地下。

(2)钢塑复合管。钢塑复合管以无缝钢管、焊接钢管为基管,内壁涂上高附着力、防腐、食品级卫生型的聚乙烯粉末或环氧树脂涂料。其特点是卫生无毒、不积垢、不滋生微生物、耐腐蚀、管壁光滑、使用寿命长。

(3)双金属复合管。双金属复合管以镀锌钢管为基管,内衬薄壁不锈钢,既有不锈钢的安全、卫生、健康、耐用等优点,也消除了塑料管道的污染问题,价格也比铜管和不锈钢管便宜,是一种绿色环保的材料。

(二)卫生间地面

卫生间地面是积水较多的区域,因此我们选择材料最重要的原则是防水、防滑、耐脏,而且地漏高度要低于10mm左右,有利于排水。所以,我们一般选择有成膜防水原理的柔性防水材料铺设卫生间地面(如图5-4-3)。

1. 防水材料

(1)防水卷材。防水卷材主要用于墙体、屋面、隧道、公路等,是可以起到抵御外界雨水、地下水渗漏的一种可卷曲的柔性建材,是防水工程的第一道屏障。他主要被分为高分子防水卷材和沥青防水卷材。防水卷材具有耐水、温度稳定、可延伸、抗断裂、耐老化等优点,但这种材料不适宜用在家庭装修中,尤其是卫生间、厨房等空间。原因是卫生间、厨房面积小,设备较多,需要剪裁,剪裁后防水卷材容易破裂,就会失去防水层的意义。

(2)聚氨酯防水涂料。聚氨酯防水涂料是由异氰酸酯、聚醚等经聚合反应而成的含异氰酸酯基的预聚体,配以催化剂、无水助剂、无水填充剂、溶剂等再经混合等工序加工制成的单组分聚氨酯防水涂料。其特点是强度高、延伸率大、耐水性能好,适用于屋面、卫浴间和地下室。

(3)911聚氨酯防水材料。911聚氨酯防水材料是一种双组分反应固化型合成高分子防水涂料。甲组分是由聚醚和异氰酸酯经缩聚反应得到的聚氨酯预聚体,乙组分是由增塑剂、固化剂、增稠剂、促凝剂、填充剂组成的彩色液体。使用时将甲乙两组分按照一定比例调和,涂刷,经数小时后反应固结为富有弹性、坚韧又耐久的防水涂料。这种材料广泛应用于屋面、地下室、厨房、卫生间等空间。

(4)聚合物水泥基防水材料。聚合物水泥基防水材料是由合成高分子聚合物乳液(如聚丙烯酸脂、聚醋酸乙烯酯、丁苯橡胶乳液)及各种添加剂优化组合而成的液料,和配套的粉料(由特种水泥、级配砂组成)复合而成的双组分防水涂料。这是一种柔性防水涂料,其优点是耐候性强(各种材料应用于室外经受气候的考验称为耐候性)、柔韧性好、施工便利,适合用于地下室、卫生间、水池等潮湿及经常浸泡在水中的空间。

图 5-4-3　地面防水涂料[①]　　　　　图 5-4-4　地砖地面[②]

2. 地砖

卫生间是比较潮湿的环境,是水汽聚集的地方。因其墙面容易溅水,地面容易积水,所以在选择卫生间的地砖时需要注重防滑性、吸水率等。通体砖、釉面砖、玻化砖、抛光砖、仿古砖等都为卫生间常用的地砖,但是它们又各有优缺点(如图 5-4-4)。例如通体砖的防滑性能最佳;釉面砖和玻化砖是通体砖的进阶版,样式多,视觉效果好,但是防滑性不及通体砖;釉面砖样式多,防污能力强,但价格也相对较高;玻化砖实用,性价比高。关于地砖类别及属性详细的分析,大家可以参考客厅、厨房等章节。

3. 地漏

地漏是连接排水管道与室内地面的重要接口,是室内排水系统的重要部件,其性能会对室内空气质量造成直接影响(如图 5-4-5)。下水快、防堵塞是地漏质量好的标准。地漏主要有传统水封地漏、偏心块式下翻板地漏、弹簧式地漏、吸铁石式地漏、重力式地漏、硅胶式地漏、新式水封式地漏等类型。

① 地面防水涂料.2020-02-05,http://www.n127.com/dawuliu/srfsblgs-news-2247530.html。
② 地砖地面.2017-09-05,https://zixun.jia.com/article/511965.html。

图 5-4-5　地漏①

（三）卫生间顶面

卫生间顶面需要选择防水、耐热的材料，一般选择铝扣板或是以铝扣板为主的集成吊顶，这些材料防水性能好，且表面贴有隔热材料。卫生间顶面材料一般可以分成四类，主要有 PVC、铝扣板、防水石膏板、桑拿板（图 5-4-6～5-4-9）。铝扣板是集成吊顶的主要材料，防水石膏板和铝扣板的属性已经在厨房章节做了详细分析。下面我们再来了解一下 PVC 和桑拿板这两种材料，并比较这四种材料的优缺点。

1. PVC

PVC 是由氯乙烯在引发剂的作用下制作而成的热塑性树脂，制成的形状呈蜂窝状，适合在厨房、卫生间等潮湿的空间中使用。PVC 材料的使用寿命很长，可以连续使用 50 年不损坏，还有较好的防水性、隔热保温性、隔音效果等。

2. 桑拿板

桑拿板是一种专门用于桑拿房的原木材料，经防水、防腐处理，也可以在卫生间、厨房使用。经过高温脱脂后这种材料长期处于有水环境也不会腐烂，具有耐高温、不易变形、健康环保等优点。在装修时可以在它表面涂一层油漆，增加其美观性。

① 地漏.2017-11-19，http://www.qizuang.com/gonglue/dilou/55032.html。

图 5-4-6　铝扣板吊顶[1]

图 5-4-7　桑拿板吊顶[2]

图 5-4-8　PVC 吊顶[3]

图 5-4-9　防水石膏板吊顶[4]

(四)卫生间墙面

卫生间的墙面湿度较大,我们通常选择防水性能好、抗腐蚀、抗霉变的墙面材料。大理石、马赛克等瓷砖都是不错的选择,也可以拼出丰富的图案,整洁大方。在选择时,我们也需要结合地面的材料和色彩进行协调搭配。

1. 防水壁纸

防水壁纸也叫PVC(聚氯乙烯)壁纸、树脂墙纸。它以木浆纤维纸、无纺纤维纸为基材,先在表面涂刷高级树脂浆料,然后使用专业深压纹生产设备,根据不同图案要求采用不同印刷轮,在表面印上图案而成(如图5-4-10)。其制作工艺

主要包括干燥、高温、冷却等，保证了墙纸的立体感和环保性。这种墙纸防水性能好、抗油、防潮、抗裂、阻燃，适合用于厨卫空间。

图 5-4-10　防水壁纸墙面①

图 5-4-11　防水墙漆墙面②

2. 防水墙漆

防水墙漆主要有以丙烯酸合成树脂类为乳液的墙面漆，以水性环氧合成树脂类为乳液的化学反应固化型墙面漆以及溶剂型氧化固化墙面漆（如图 5-4-11）。市面上的乳胶漆（如五合一、全效类）多采用丙烯酸合成树脂乳液，其固化过程为物理固化成膜型。通过涂料中的水分子蒸发的物理过程，物理压缩乳液及填料等分子间隙，形成较为紧密的分子链结构，从而形成较为完整的连续漆膜，以实现防水性能。水性环氧墙面漆中的环氧树脂，以微粒或液滴的形式分散在以水为连续相的分散介质中而配得稳定分散体系，在固化剂作用下在室温环境中发生化学交联反应，形成分子交联排列的连续稳定的漆膜来阻挡水分子通过，从而实现其防水性能。溶剂型涂料不以水为稀释剂，固化成膜过程中溶剂挥发产生的漆膜分子间隙比水性涂料小，因此漆膜更细密，防水性更佳。

3. 墙砖

墙砖适用于卫生间、厨房、室外阳台的立面装饰，可以保护墙面免遭水溅（如图 5-4-12）。它是一种有趣的装饰元素，需要选择防潮、耐磨的材料。其中陶瓷

① 防水壁纸墙面.2015-09-08,https://0795.zhuangyi.com/HTML/2015/9/201598100746820348.html。

② 防水墙漆墙面.2017-09-14,http://www.bjzs.cc/school/1311.html。

墙砖吸水率低、抗腐蚀、抗老化能力强,而且耐湿、易清洁、价格低廉、色彩丰富,是理想的墙面材料。关于各类墙砖的属性分析,大家可以参看厨房章节。

4. 马赛克

马赛克又称纸皮砖、锦砖,发源于古希腊,其化学成分为 SiO_2,吸水率不大于 0.2%,耐磨性不大于 $0.2g/cm^2$,是可用于拼成各种装饰图案用的片状小瓷砖。其坯料经半干压成型,窑内焙烧而成。泥料中常用 CaO、Fe_2O_3 等作为着色剂,可用于卫生间内墙装饰(如图5-4-13)。

图5-4-12　墙砖墙面[1]　　　　　　图5-4-13　马赛克墙面[2]

七、练一练

1. 制作完成卫生间材料分析表。

2. 阐述卫生间地面防水的施工步骤。

任务五　卫生间装修预算

一、任务描述

1. 此次任务要求学生以小组为单位,在熟悉各装饰材料属性的基础上,了解做装修预算的步骤,并学会编制装修预算表(表5-5-1),完成装修预算。

---

[1] 墙砖墙面.2018-08-06,https://zixun.mmall.com/news/10250.html。

[2] 马赛克墙面.2016-11-21,https://www.sohu.com/a/119536489_356747。

2. 教师检验,讲解在编制卫生间装修预算表中的注意事项。

表 5-5-1   卫生间装修预算表

项目五:现代卫生间										
序号	项目名称	单位	数量	主材	辅材	人工	损耗	单价	金额(元)	工艺做法及材料说明
1										
2										
3										
4										
5										
6										
	总金额									

二、任务目标

1. 学生能正确掌握做装修预算的步骤。

2. 学生能运用主材、辅材、损耗等数据,完成装修预算表。

3. 让组内成员相互帮助,锻炼学生的团队合作和协调沟通能力。

三、任务学时安排

4 课时

四、任务基本程序

1. 分组。按班级学生的能力和特长进行合理分组,每组 4~5 人,并推选一人担任组长。

2. 明确本次任务的要求。在充分了解和分析本次任务要求的基础上,各小组内合理分工,进行市场调研和分析。

3. 组内制作完成卫生间装修材料预算表。

4. 汇报展示。教师检验,提出问题及建议。

五、任务评价

完成任务后,请结合任务的完成情况进行评价,并填写任务评价表(表5-5-2)。

表5-5-2　任务评价表

(单位:分)

评分内容	评价关键点	分值	自评分	小组互评	教师评分
装饰材料相关资料搜集情况	1. 能正确区分卫生间相关装修材料(主材/辅材)	10			
	2. 能正确填写卫生间相关装修材料规格及价格	15			
	3. 各项目人工费及材料损耗量(清楚损耗原因)计算准确	25			
装修预算表完成情况	1. 装修预算表格式正确	10			
	2. 装修预算表各数据填写准确	20			
	3. 合理完成预算	10			
合计		100			

六、知识链接

(一)确定选材

根据任务四的分析,我们可以确定卫生间的选材。在这里我们还要加上任务四中没有列举的门套、踢脚线、坐便器等材料,从而确定卫生间的所有材料(如表5-5-3)。

表5-5-3　卫生间材料表

项目五:现代卫生间		
区域划分	简介	材料
地面	地面做防水处理	冷防水涂料
	地面找平	水泥、沙子、胶水

续　表

项目五:现代卫生间		
区域划分	简介	材料
地面	防滑地砖 300*300 铺设	防滑地砖
顶面	铝扣板整体式集成吊顶	木龙骨
	吊顶顶角线	顶角线
墙面	墙面砖 100*100 铺设	通体砖

(二)填写项目名称

先将确定的材料填入项目名称一样,再根据材料特点填写单位(如表5-5-4)。

表5-5-4　卫生间材料预算步骤表 I

	项目五:现代卫生间									
序号	项目名称	单位	数量	主材	辅材	人工	损耗	单价	金额(元)	工艺做法及材料说明
1	地砖 300*300	m²								
2	地面找平处理	m²								
3	地面防水处理	m²								
4	墙砖 100*100	m²								
5	铝扣板集成吊顶	m²								
6	顶角线	m								
7	木门套	只								
8	木门	扇								
9	坐便器	套								
10	台盆及台盆柜	套								
11	龙头两件套	套								
12	淋浴房	m²								
13	封管	根								

序号	项目名称	单位	数量	主材	辅材	人工	损耗	单价	金额（元）	工艺做法及材料说明
14	三角阀	只								
15	软管	根								
	总金额									

表头：项目五：现代卫生间

（三）确定价格

我们可以通过查阅资料或者市场调研得到300*300地砖、铝扣板等所有材料的价格和人工费用。同时，我们还需要明确损耗范围，填写完成数量、主材、辅材、人工和损耗部分（如表5-5-5）。

表5-5-5　卫生间材料预算步骤表Ⅱ

项目五：现代卫生间

序号	项目名称	单位	数量	主材	辅材	人工	损耗	单价	金额（元）	工艺做法及材料说明
1	地砖300*300	m²		35	15	18	5%			
2	地面找平处理	m²		7.8	8.8	4	5%			
3	地面防水处理	m²		12	9	6.5	5%			
4	墙砖100*100	m²		55	15	18	5%			
5	铝扣板集成吊顶	m²		130	21	16	5%			
6	顶角线	m		15	0.4	3	5%			
7	木门套	只		50	7	15	5%			
8	木门	扇		1700	80	40				
9	坐便器	套		5590	50	50				
10	台盆及台盆柜	套		3580	30	50				
11	龙头两件套	套		1220	5	10				
12	淋浴房	m²		6240	50	100				

续　表

项目五：现代卫生间									
序号	项目名称	单位	数量	主材	辅材	人工	损耗	单价	金额(元)	工艺做法及材料说明
13	封管	根		70	30	40				
14	三角阀	只		18		5				
15	软管	根		15		5				
	总金额									

（四）计算

根据平面图和立面图（图5-5-1、图5-5-2）可计算得出相关部分的面积、长度等数据。因为案例中的卫生间不是标准的长方形，因此地面面积需要分两部分计算。通过计算，我们得到地面面积和顶面面积为5.94m²，除去吊顶和地面后的层高为2.45m，除去门和窗的面积得到的墙面面积为20.5m²。

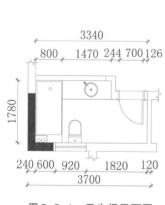

图5-5-1　卫生间平面图

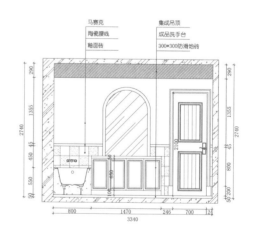

图5-5-2　卫生间立面图

单价＝主材＋辅材＋人工＋（主材×损耗）；金额＝单价×数量

以墙面砖为例，单价＝55＋15＋18＋（55×5%）＝90.75（元/m²）；金额＝90.75×20.5＝1860.4元。

按照以上公式我们便可计算得出各项金额，并加总求得总价。如有需要再在最后一列加上工艺做法及材料说明,这样便基本完成了卫生间的装修材料预算表(如表5-5-6)。

表5-5-6　卫生间装修材料预算表

序号	项目名称	单位	数量	主材	辅材	人工	损耗	单价	金额(元)	工艺做法及材料说明
1	地砖300×300	m²	5.94	35	15	18	5%	69.75	414.3	材料:双马水泥、中沙 工艺流程:清扫基层,刷素水泥浆一遍,找水平,试排弹线,干贴工艺,勾缝,清理,纸板遮盖保护
2	地面找平处理	m²	5.94	7.8	8.8	4	5%	20.99	124.7	高分子卷材防水材料、辅材(厚度在3cm内,不做调整)
3	地面防水处理	m²	5.94	12	9	6.5	5%	28.1	166.9	水泥砂浆修补,防水涂料刷两遍
4	墙砖100×100	m²	20.5	55	15	18	5%	90.75	1860.4	材料:双马水泥、中沙 工艺流程:清扫基层,刷素水泥浆一遍,找水平,试排弹线,干贴工艺,勾缝,清理,纸板遮盖保护
5	铝扣板集成吊顶	m²	5.94	130	21	16	5%	173.5	1030.6	材料:0.5厚铝扣板、专用龙骨、钢膨胀钉 工艺流程:钢膨胀钉、专用龙骨安装,扣板安装
6	顶角线	m	10	15	0.4	3	5%	19.15	191.5	30*30常规阴角线,专用阴角线安装(注:含扣板损耗、专用铝质阴角线)
7	木门套	只	1	50	7	15	5%	74.5	74.5	环保杉木板、柚木夹板、饰面板线条、无苯油漆(二底三面)
8	木门	扇	1	1700	80	40		1820	1820	TATA木门,厂家定制,包安装
9	坐便器	套	1	5590	50	50		5690	5690	科勒牌

续　表

序号	项目名称	单位	数量	主材	辅材	人工	损耗	单价	金额（元）	工艺做法及材料说明
					项目五：现代卫生间					
10	台盆及台盆柜	套	1	3580	30	50		3660	3660	爱华成品柜
11	龙头两件套	套	1	1220	5	10		1235	1235	佐登牌
12	淋浴房	m²	1	6240	50	100		6390	6390	蒙娜丽莎经典浴房
13	封管	根	1	70	30	40		140	140	325#水泥/黄沙/胶水
14	三角阀	只	1	18		5		23	23	汇泉牌铜质
15	软管	根	1	15		5		20	20	维健不锈钢波纹管
	总金额								22840.9	

七、练一练

1. 制作完成卫生间项目装修预算表。

项目六

欧式主卧设计

项目导读

此案建筑面积为218m²（如图6-0-1），户主是一对老夫妻，节假日儿子一家四口也会返家入住。预算在55万元左右。夫妇二人偏爱典雅、高贵、温馨的欧式风格。

户主谢女士喜欢安静，她要求卧室门窗、墙壁隔音效果好。考虑到自己的年纪较大，谢女士希望在墙壁上设置扶手，地面铺设防滑木质地板。谢女士的先生喜欢"坐软睡硬"，他希望座椅、沙发软一些，床垫硬一些。

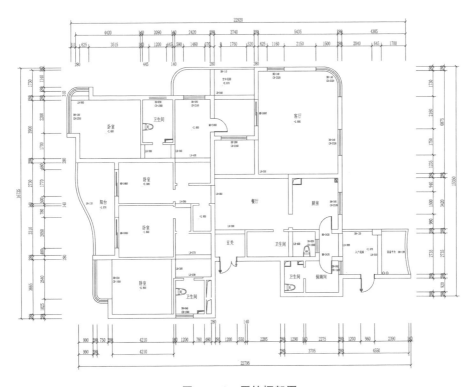

图6-0-1　原始框架图

项目实施

任务一 制作"欧洲大事年表"

一、任务描述

1. 做一做。学生以小组为单位,课前通过网络、书籍等渠道了解欧洲历史发展脉络,制作欧洲历史时间轴或欧洲大事年表。

2. 议一议。学生以小组为单位,分别选择欧洲的一个历史发展阶段深入了解该时期欧洲历史文化特点,并在课上进行介绍。在了解欧洲文化的基础上讨论欧洲历史文化特点对欧洲风格产生的影响。

3. 思一思。了解欧洲历史上三次思想解放运动:智者运动、文艺复兴运动、启蒙运动,思考思想文化运动对国家和民族发展产生的影响。

二、任务目标

1. 学生通过制作欧洲历史时间轴或欧洲大事年表,了解欧洲历史,丰富知识,为理解欧洲历史文化特点对欧式风格的影响打下基础。

2. 学生通过了解欧洲历史文化特点探索欧式风格的渊源。

3. 学生通过了解欧洲三大思想解放运动,理解思想文化对国家和民族发展的重要意义。

三、任务学时安排

1课时

四、任务基本程序

1. 分组。按班级学生的能力和特长进行合理分组,每组4～5人,并推选一人担任组长。

2. 明确本次任务的要求。在充分了解和分析本次任务要求的基础上,各小组内合理分工,搜集、查阅相关资料,并完成欧洲历史时间轴或大事年表。

3. 课上展示、讨论。

五、任务评价

完成任务后,请结合任务的完成情况进行评价,并填写任务评价表(表6-1-1)。

表6-1-1　任务评价表

(单位:分)

评分内容	评价关键点	分值	自评分	小组互评	教师评分
"做一做"	1. 历史时间轴或大事年表制作精美、有特点	10			
	2. 历史脉络清晰,历史事件详实	20			
"议一议"	1. 介绍内容丰富精彩、讲述清晰	20			
	2. 发言内容切题、言之有物	20			
"思一思"	1. 思考有深度,有自己的见解	20			
合计		100			

六、知识链接

欧洲各阶段历史文化简介如下:

1. 古希腊文化

古希腊文化无疑是西方文明为之骄傲的源头之一,事实上,它更是酝酿西方文明的文化酵母。当一个现代人满怀惊异之心欣赏古希腊艺术品时,他仍然会清晰地感受到古希腊文化的魅力。在蔚蓝色的地中海和爱琴海的海岛上,从公元前3世纪到公元前1世纪,浪漫、勇敢而又理智的古希腊人创造着自己的历史,给后人留下了灿烂的文化(如图6-1-1)。

图 6-1-1　希腊神庙①

2. 古罗马文化

罗马是欧洲最古老的城市之一,早在 2700 年前就已经有人在此定居。勤劳的罗马人不但建立了一个伟大的帝国,又以海纳百川的胸襟和气魄创造了光辉灿烂的文明,为人类做出了巨大的贡献。古罗马文化同时也是古希腊文化的延续,古罗马文化虽然在文学、科学、哲学等方面不及希腊,但在军事、法律、交通、建筑等领域成绩斐然、令人赞叹(如图6-1-2)。

图 6-1-2　罗马图拉真广场②

3. 日耳曼文化

日耳曼亦称条顿诸民族,这些民族从公元前 2000 年到约 4 世纪生活在欧洲

---

① 希腊神庙 .2018-11-13,https://bobopic.com/yadianweicheng433.html。

② 罗马图拉真广场 .https://m.ctrip.com/html5/you/sight/MornicoLosana5064/1413982.html。

北部和中部,即波罗的海沿岸和斯堪的纳维亚地区。日耳曼人属于雅利安人种,
其语言属印欧语系的日耳曼语族。然而,日耳曼人不称自己为日耳曼人,在他们
的漫长历史中,他们可能也没有将自己看作是一个民族。民族大迁徙后,从日耳
曼人中演化出斯堪的纳维亚民族、英格兰人、弗里斯兰人和德国人,后来又演化
出荷兰人,瑞士的德意志人,加拿大、美国、澳大利亚和南非的许多白人。奥地利
也有许多日耳曼后裔。今天许多新的民族今天都是与其他民族混合而成的。

图6-1-3 日耳曼条顿堡塑像①

4. 奥斯曼文化

奥斯曼土耳其帝国是土耳其人建立的一个帝国,创立者为奥斯曼,17世纪时
也被叫作奥托曼帝国。土耳其起初从属于罗姆苏丹国,后独立建国并日渐兴
盛。极盛时其势力遍布亚欧非三大洲,占领了东南欧、巴尔干半岛之大部分土
地,北及匈牙利和斯洛文尼亚。自灭东罗马帝国后,帝国定都于君士坦丁堡(后
改名伊斯坦布尔),且以东罗马帝国的继承人自居,继承了东罗马帝国的文化(如
图6-1-4)。

---

① 日耳曼条顿堡塑像.2018-02-12,https://tieba.baidu.com/p/5550261582?pid=118055847220&
red_tag=3037248970&see_lz=1。

图 6-1-4　奥斯曼建筑[1]

5. 文艺复兴

14世纪，欧洲历史开始进入了近代文明的黎明期。在意大利的佛罗伦萨、威尼斯等地，工商业已经有了长足发展，一些城市还出现了资本主义萌芽，新兴资产阶级开始走上政治舞台。他们需要新的意识形态为他们所追求的政治、经济利益辩护，他们需要新的学术、新的文化，为他们所做的一切给予支持。就这样，一种完全崭新的近代精神就产生了：文艺复兴是反对神权、反对封建的新文化运动，是托起近代欧洲的主要精神力量（如图6-1-5）。

图 6-1-5　科隆大教堂[2]

① 奥斯曼建筑.2018-07-06,https://g.itunes123.com/a/20180706130506563/。

② 科隆大教堂.2009-07-22,http://news.163.com/09/0721/16/5EOQHL4Q00011247.html。

6. 启蒙运动

启蒙运动指发生在17—18世纪的一场以资产阶级为主导的反封建、反教会的思想文化运动。这是继文艺复兴后的又一次反封建的思想解放运动,其核心思想是"理性崇拜"。这次运动有力地批判了封建专制主义、宗教愚昧及特权主义,宣传了自由、民主和平等的思想,为欧洲资产阶级革命做了思想准备和舆论宣传。

这个时期的启蒙运动覆盖了各个知识领域,如自然科学、哲学、伦理学、政治学、经济学、历史学、文学、教育学,等等。启蒙运动同时为美国独立战争与法国大革命提供了框架,并且促进了资本主义和社会主义的兴起。启蒙运动与音乐史上的巴洛克时期以及艺术史上的新古典主义时期是同一时期(如图6-1-6)。

图6-1-6　康德与启蒙运动①

7. 巴洛克文化

巴洛克是一种代表欧洲文化的典型艺术风格。这个词最早来源于葡萄牙语,意为"不圆的珍珠",最初特指形状怪异的珍珠,后在意大利语中有"奇特古怪"等解释,在法语中有"俗丽凌乱"之意。欧洲人最初用这个词指"缺乏古典主义均衡性的作品",它原本是18世纪崇尚古典艺术的人们对17世纪不同于文艺复兴风格的一个带贬义的称呼。而现在,这个词已失去原有的贬义,仅指17世纪流行于欧洲的一种艺术风格(如图6-1-7)。

---

① 康德与启蒙运动.2019-09-27,https://www.sohu.com/a/343721560_739305。

图6-1-7　巴洛克大教堂①

8. 洛可可文化

洛可可艺术是18世纪产生于法国、后遍及欧洲的一种艺术形式或风格,盛行于路易十五统治时期,因而又被称作"路易十五式"。该艺术形式具有轻快、精致、细腻、繁复等特点,在形成过程中受到了东亚艺术的影响。有人认为洛可可风格出现于巴洛克风格的晚期,即颓废和瓦解的阶段。洛可可艺术风格被广泛应用在建筑、绘画、文学、雕塑、音乐等艺术领域(如图6-1-8)。

图6-1-8　洛可可派油画②

---

① 巴洛克大教堂.2018-05-31,https://www.meipian.cn/1copv6ea。
② 洛可可派油画.2017-06-18,https://www.duitang.com/blog/?id=769660510。

9. 斯拉夫文化

斯拉夫民族发源于今波兰东南部维斯杜拉河上游一带,于公元 1 世纪时开始向外迁徙,至 6 世纪时其居地已经遍布东欧以及俄罗斯地区。其语言属于斯拉夫语族。"斯拉夫"是欧洲各民族和语言集团中人数最多的一支,也是古代日耳曼人东部民族与斯基泰人联合开始大规模迁徙后自己使用的名称。按照斯拉夫语系中的含义,"斯拉夫"有荣誉、光荣的意思。很多东欧地区的非斯拉夫人也被斯拉夫化了,对外族的不断同化让斯拉夫成为了欧洲最大的民族(如图6-1-9)。

图6-1-9　斯拉夫《巫师》雕塑①

七、练一练

1. 讲一讲欧洲各阶段历史文化对欧式风格的影响,并寻找其在当今家居设计中的具体体现。

---

① 斯拉夫《巫师》雕塑 .2017-04-30, http://www.360doc.com/content/17/0430/21/15652283_649891565.shtml。

任务二　测量、绘制——主卧家具与人体的关系

一、任务描述

1. 此次任务要求学生以小组为单位,通过查阅资料、测量主卧中主要家具的尺寸与人体相关联的尺寸,填写完成主卧家具分析表(表6-2-1),由此分析主卧家具与人体之间的关系。

2. 通过调查、分析,各小组绘制完成主卧主要家具的三视图及主要家具尺寸与人体尺寸之间的关系图(见表6-2-1),并选派代表进行展示说明。

3. 教师点评,讲解主卧主要家具与人体尺寸之间的关系。

二、任务目标

1. 学生通过多种渠道的查阅和分析,能说出主卧主要家具与人体尺寸之间的关系。

2. 学生能准确说出主卧主要家具的尺寸并绘制相关图纸。

3. 培养学生的团队协作能力和表达能力。

三、任务学时安排

4课时

四、任务基本程序

1. 分组。按班级学生的能力和特长进行合理分组,每组4～5人,并推选一人担任组长。

2. 明确本次任务的要求。在充分了解和分析本次任务要求的基础上,各小组内合理分工,搜集、查阅相关资料,并完成本次任务初稿。

3. 完成作业内容。搜集资料进行汇总和分析,填写表6-2-1。

表6-2-1 主卧家具分析表

家具类型	家具数值	相关人体数值	具体数值	绘制
床	长(例)	人的身高	2000mm	三视图
	宽			
	高			
衣柜	长			三视图
	深			
	高			
梳妆台	长			三视图
	宽			
	高			
家具尺寸与人体尺寸间的关系	床与人体的尺寸关系			关系图
	衣柜与人体的尺寸关系			关系图
	梳妆台与人体的尺寸关系			关系图

4. 展示交流。各小组在课堂上共同展示交流此次调查结果,互相查漏补缺、协作学习。

五、任务评价

完成任务后,请结合任务的完成情况进行评价,并填写任务评价表(表6-2-2)。

表6-2-2 任务评价表

(单位:分)

评分内容	评价关键点	分值	自评分	小组互评	教师评分
作业内容	1. 完成并正确填写表格中的内容	20			
	2. 三视图绘制完整	20			
	3. 三视图尺寸标注正确、符合标准	20			
	4. 家具尺寸与人体尺寸之间的关系分析到位	20			

续　表

评分内容	评价关键点	分值	自评分	小组互评	教师评分
作业展示	1. 三视图绘制清晰、精美	10			
	2. 展示代表仪态大方、表述清晰	10			
合计		100			

六、知识链接

(一)主卧主要家具尺寸

卧室是住宅中最私密的空间,这就要求设计师在设计时更加注重房间的隐蔽性、舒适性、隔音性。卧室可以兼具多种功能,主要功能是睡眠和休息,因而在设计时要注意功能区分,并合理布置家具,保证居住者身心愉悦。

根据导读中这对夫妇的要求,笔者为其设计了主卧的家具布局,并绘制了主卧的家居动线图(如图 6-2-1)。

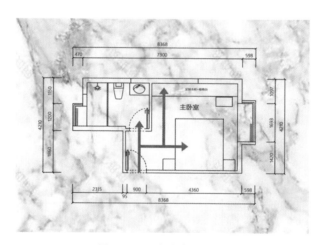

图 6-2-1　主卧家居动线

在主卧中,常见的家具有床、衣柜、梳妆台等。一般主卧的家具尺寸可以根据房间面积等因素来选择。

1. 常见床的尺寸

图 6-2-2　双人床[1]

卧室的主体是床,要以人体结构尺寸为依据来确定床的长度、宽度、高度,使床的尺寸能满足就寝时各种姿势的要求。

床的长度要根据人的身高来选择,一般在 2100mm 左右,这个长度可以满足不同身高的人群使用要求,如果有特殊需求则可以另外定制。床的宽度则根据人的肩宽来确定,一般单人床的宽度在 990mm 左右,双人床的宽度在 1500mm 左右(如图 6-2-3)。床的高度以 450mm 为宜,以使用者膝部为衡量标准,等高或略高 10～20mm 会更有益健康,但也会有较高或者较低的尺寸,可以以不同家庭的需求为准。

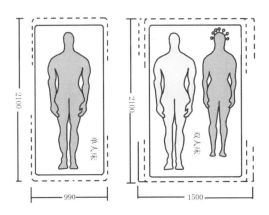

图 6-2-3　单人床和双人床尺寸[2]

① 四夕小镇:双人床,2018-05-09,https://huaban.com/pins/1639257834/。
② 理想·宅:《设计必修课·室内设计与人体工程学》,化学工业出版社 2019 年版。

2. 常见衣柜的尺寸

图 6-2-4　现代衣柜①

　　主卧一般都配备有衣柜,不同衣柜的宽度、高度、深度各有不同(如图6-2-4)。衣柜的宽度一般在 1500 ~ 2300mm,高度在 2000 ~ 2200mm,标准衣柜深度为 500 ~ 710mm。如果是开拉式的衣柜,则需要在衣柜外留出800mm 以上的活动距离(如图6-2-5);如果是推拉式衣柜,则需要另外留出100mm 的滑动空间。

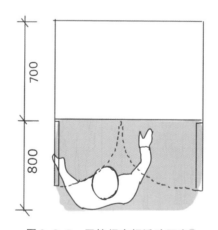

图 6-2-5　开拉门衣柜活动距离②

---

① LEO-ZHENG:现代衣柜 .2019-05-14,https://huaban.com/pins/2443329105/。
② 松下希和著,温俊杰译:《装修设计解剖书》(第2版),南海出版公司2018年版,第42页。

3. 常见梳妆台的尺寸

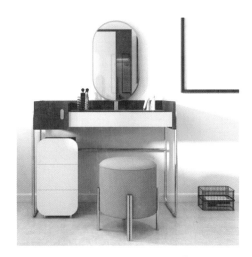

图 6-2-6　现代梳妆台[①]

　　一般梳妆台的宽度为 700～1200mm，高度为 710～760mm，这个高度是人在梳妆时手最舒适的高度（如图 6-2-7）。梳妆台下方还需有收纳椅子的空间，以减少梳妆台的占地面积（如图 6-2-6）。在测算梳妆台的占地面积时，还需考虑人的活动距离，因此梳妆台与床之间的距离最少为 1000mm。

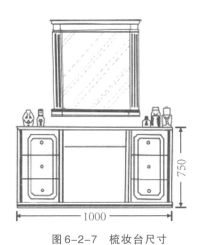

图 6-2-7　梳妆台尺寸

① 白 T：现代梳妆台，2019-11-09. https://huaban.com/pins/2804964946/。

（二）主卧家具与人体的尺寸关系

1. 床与人体的尺寸关系

在选择床时，不可以一味地追求宽敞而忽略了过道空间，否则会给生活带来不便。如果选择双人床，建议床两边预留一定的空间以供活动。由于床的高度不同，在铺床时有弯腰铺床和蹲着铺床两种动作，在进行铺床动作时，需要预留出940～990mm的活动距离（如图6-2-8、图6-2-9）。

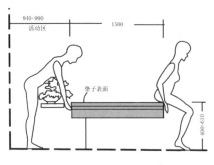

图 6-2-8　弯腰铺床①

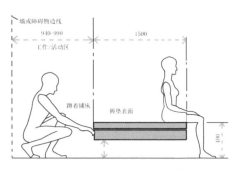

图 6-2-9　蹲着铺床②

打扫卧室床底的卫生是较为困难的，一般需要弯腰或蹲坐才能较好地进行打扫，因此需要预留1220～1380mm的打扫距离（如图6-2-10）。

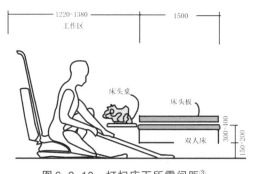

图 6-2-10　打扫床下所需间距③

---

① 理想·宅：《设计必修课·室内设计与人体工程学》，化学工业出版社2019年版。
② 理想·宅：《设计必修课·室内设计与人体工程学》，化学工业出版社2019年版。
③ 理想·宅：《设计必修课·室内设计与人体工程学》，化学工业出版社2019年版。

2. 衣柜与人体尺寸的关系

只有合理设计衣柜的内部空间,才能够更好地贴合使用者的需求。在日常生活中,有不少服装容易产生褶皱,因此在衣柜中需要设计挂衣杆,以减少衣物的折叠,挂衣杆的高度根据不同人群的需求也有所不同。男性的衣服长短比较固定,挂杆的高度一般在1620～1720mm。女性服装的长度非常多样化,因此挂杆的高度一般在1520～1770mm,具体视不同挂杆的使用需求而定。使用者在取用衣物时,有站和蹲两种姿势,所以衣柜的外部需要提前预留860～910mm的活动距离以方便使用者操作(如图6-2-11、图6-2-12)。

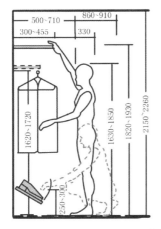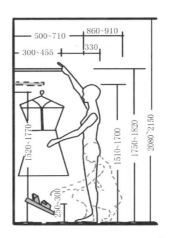

图6-2-11　男性衣柜立面图[①]　　　6-2-12　女性衣柜立面图[②]

衣柜底层常常设计为放置鞋子、鞋盒等物品的区域,一般高度在250～300mm。

衣柜上层需设计搁板,用以放置备用被褥等,搁板厚度一般在10mm左右,深度在300～455mm,高度在人手能够到的最高范围。男性使用的搁板一般距离地面1820～1930mm,女性使用的搁板一般距离地面1750～1820mm。现在的被褥越来越大,甚至要把叠好的被褥折成V形才能塞进衣柜(如图6-2-13),这样会造成衣柜空间的浪费。因此设计放置备用被褥的衣柜时,应提前测量好家中被褥的尺寸。

---

① 理想·宅:《设计必修课·室内设计与人体工程学》,化学工业出版社2019年版。
② 理想·宅:《设计必修课·室内设计与人体工程学》,化学工业出版社2019年版。

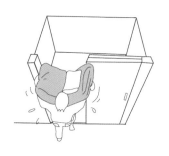

图 6-2-13　不合理的衣柜尺寸①

3. 梳妆台与人体尺寸的关系

梳妆台是使用者梳妆的区域,其设计是为了让使用者拥有更舒适的梳妆体验。梳妆台配备有梳妆凳,其坐高一般在 400～500mm,坐深一般在 450～610mm,这样的比例使梳妆凳更加符合人体工学要求。

梳妆台前方配有镜子,一般镜子的尺寸与人的视野范围有关。人坐在椅子上时,眼睛距离地面的高度在 1190～1290mm,人的视野范围在向上 30°左右,向下 40°左右。因此设计镜子时,镜子的尺寸应该大于人坐在梳妆台前的可视范围(如图 6-2-14)。

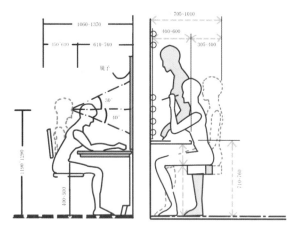

图 6-2-14　梳妆台与人体尺寸关系②

---

① 松下希和著,温俊杰译:《装修设计解剖书》(第 2 版),南海出版公司 2018 年版,第 43 页。
② 理想·宅:《设计必修课·室内设计与人体工程学》,化学工业出版社 2019 年版。

七、练一练

1. 结合所学内容,为自己家设计更符合人体工学的梳妆台。

2. 运用所学知识,为项目导读中的这对夫妇规划床、衣柜、梳妆台等主要家具的尺寸及主卧的家具布局。

任务三 绘制主卧平面布置图、立面图

一、任务描述

1. 此次任务要求学生以小组为单位,分析项目原始框架图,依据主卧设计的功能要求,结合业主设计需求,对案例户型的主卧区域进行合理的布局设计。

2. 要求在确定主卧布局设计方案的基础上,小组分工绘制主卧平面布置图,并选取一个立面绘制一张主卧的立面图。各小组展示,说明设计思路,分享设计方案。

3. 教师点评,讲解主卧布局设计与绘制相关图纸的注意事项。

二、任务目标

1. 学生能理解卧室和主卧室的概念,能灵活运用主卧的设计原则对空间进行合理布局设计。

2. 学生所绘制的平面布置图与立面图数据合理,不仅符合人体工程学要求,又能满足客户需求。

3. 在展示过程中,学生能运用专业术语准确表达方案。

4. 通过项目任务提高学生分析问题的能力,培养学生团结协作精神,让学生互相帮助、共同完成任务。

三、任务学时安排

4课时

四、任务基本程序

1. 分组。按班级学生的能力和特长进行合理分组,每组4~5人,并推选一人担任组长。

2. 明确本次任务的要求。在充分了解和分析本次任务要求的基础上,各小组内合理分工,搜集、查阅相关资料,并完成本次任务初稿。

3. 绘制图纸。各小组确定主卧布局设计方案,绘制相应图纸。

4. 展示交流。各小组在课堂上展示交流设计思路与设计方案,互相查漏补缺、协作学习。

五、任务评价

完成任务后,请结合任务的完成情况进行评价,并填写任务评价表(表6-3-1)。

表6-3-1　任务评价表

(单位:分)

评分内容	评价关键点	分值	自评分	小组互评	教师评分
主卧布局设计方案	1. 主卧空间布局合理	20			
	2. 能结合人体工学知识合理布置家具	20			
	3. 设计风格和设计方案符合业主要求	10			
图纸绘制	1. 视图的投影关系准确	10			
	2. 尺寸标注准确,文字标注完整	10			
	3. 图纸能正确表达设计方案	30			
合计		100			

六、知识链接

(一)卧室的概念

卧室又称睡房、卧房,主要指供人睡觉、休息的房间。从人类形成居住环境时起,睡眠区域始终是居住环境中必要的功能区域。

（二）主卧室的概念

主卧室是供主人睡觉、休息的私人生活空间，要求有较强的私密性。在设计上，应营造出安逸宁静的氛围，并注重主人个性与品味的体现。

（三）主卧室的设计要点

主卧室一般可以划分为睡眠、梳妆、更衣、储藏、视听等区域，在布局设计时可根据主人在休闲方面的要求配以家具或设备。

在卧室区域中，空间布局、色彩、装饰风格都应以睡眠区的床为中心而展开。床的尺寸需大小合适，既能满足使用需求，又能与空间比例相协调，常见的规格有 1500×2000mm、1800×2000mm、2000×2000mm。由于大多数的卧室面积有限，因此在卧室区域中尽量不要摆放使用频率较低的家具，以免让使用者感觉空间压抑（如图6-3-1）。

图6-3-1　卧室以床为中心[①]

私密性是卧室设计的重要原则。主卧室应设计在整套居住空间的边缘，尽量与客厅、餐厅等公共活动空间区分开，注重安全、隔音和阻隔外部视线。

伴随着人们对居住环境要求的提高，卧室除了为人们提供睡眠空间之外，比以往更注重休闲功能。在进行卧室设计时，可以根据业主的需求进行个性化设计，添加相应功能的家具或设备（如图6-3-2）。

---

① 卧室以床为中心 .https://xiaoguotu.to8to.com/p10576775.html/。

图 6-3-2 卧室中的休闲功能① 图 6-3-3 卧室色彩②

卧室的色彩设计应简洁、淡雅,灯光照明应以温馨的暖色为基调。被套、靠垫、窗帘等软装饰的色彩和质地,也可与整体装饰风格相统一,共同营造卧室温馨舒适的氛围(如图 6-3-3)。

(四)主卧室布局设计

本案主卧室选择的是整套居住空间中最边缘的房间,私密性强。从户型原始结构图(图 6-3-4)可知,原始户型主卧室内设有内卫区域。我们可以将内卫区域的一部分墙体拆除,再新建墙体,形成一个空间较大、更为通透、视觉效果更好的主卧室空间(如图 6-3-5)。

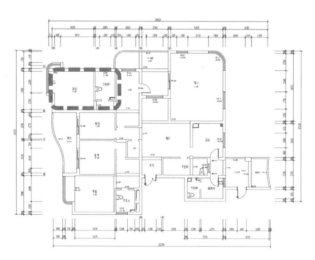

图 6-3-4 原始结构图

---

① 卧室中的休闲功能.https://xiaoguotu.to8to.com/p1614273.html。

② 卧室色彩.2013-07-15,http://www.banjiajia.com/thread-97646-16-1.html。

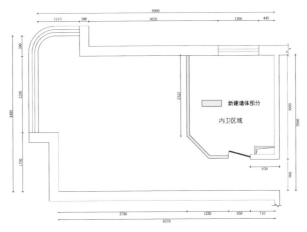

图 6-3-5　新建墙体图

1. 绘制主卧平面布置图

本案的主卧面积约为 19.1m²，大小适中，东南侧有一个转角阳台。依据业主的需求、年龄等实际情况，我们将主卧室的主要功能设定为睡眠与休闲。在家具布置中，需要设置床、床头柜、电视柜、休闲桌椅等。首先，在卧室中心布置一张 1800×2000mm 的双人床，床的两侧布置床头柜。在床的正对面，布置尺寸为 400×1500mm 的电视机柜，电视机柜也可作储物空间。在转角阳台处，摆放一套小型休闲桌椅，老人可在此区域读书看报、沐浴阳光。在床的另一侧（即内卫墙体），根据业主的特殊需求，在此处墙面安装安全扶手。安全扶手从床头处延伸至内卫进门处，帮助老人保持平衡和支撑身体，保障业主的安全。图 6-3-6 是笔者根据业主需求绘制的主卧平面布置图。

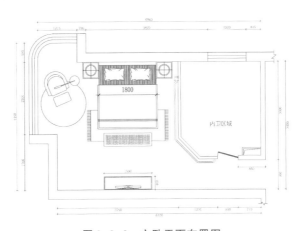

图 6-3-6　主卧平面布置图

2. 绘制主卧立面图

这套户型的原始层高为 2800mm，吊顶高度为 340mm，地面铺装高度为 50mm，剩下的层高为 2410mm（如图 6-3-7）。以主卧床头背景墙为例，由于业主希望墙壁隔音效果好，故将墙面设计为皮艺软包。软包设计既能隔音、吸音和降噪，又能提高安全性和舒适性。床头两侧再配以镜面装饰，从细节之处体现了欧式风格的高贵、典雅。根据业主的要求，所有卧室地面铺设防滑实木复合地板，搭配实木踢脚线，同时安装安全扶手。扶手的高度设置为 750mm，这个高度与大腿骨根部基本保持一致，老人的手在自然下垂时可以轻松握住扶手，便于发力，符合人体工程学要求。

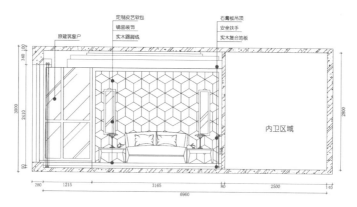

图 6-3-7　主卧室立面图

七、练一练

1. 主卧室空间中可以摆放哪些家具或设备从而满足主卧的不同功能？
2. 在绘制平面布置图与立面图时需要注意哪些主卧的设计原则？
3. 尝试画一画主卧的地面铺装图与顶棚装饰图。

任务四　制作主卧装饰材料分析表

一、任务描述

1. 此次任务要求学生以小组为单位，根据任务三完成的平面布置图、立面图,结合客户需求,分析主卧装修所需的装饰材料。

2. 各小组通过上网搜索、市场调研等方式,了解主卧常见装饰材料的特性,采集主卧常见装饰材料信息,比较同类型材料之间的优缺点,制作完成材料分析表(表6-4-1),确定选材,展示成果。

表6-4-1　欧式风格主卧材料分析表

区域分布	材料名称	吸水率	防滑性	光泽度	耐脏性	耐磨性	平整度	规格	价位	是否合适
主卧地面	实木地板									
	实木复合地板									
	强化复合地板									
	竹地板									
主卧顶面	材料名称	优点					缺点			是否合适
	石膏板									
	胶合板									
	木质吸音板									
主卧墙面	材料名称	环保性		价格	普及率	施工难易	施工周期	对墙的保护	保养	是否合适
	天然壁纸									
	液体壁纸									
	塑料壁纸									
	纺织壁纸									
	硅藻泥									

3. 教师检验成果,点评,指出不足之处。

二、任务目标

1. 学生能依据任务三完成的平面布置图、立面图,结合主卧常见材料的特性,确定主卧各区域所需装饰材料。

2. 学生能以上网搜索、市场调研等形式展开资料搜集,通过数据调查分析,比较各材料之间的优缺点,完成制作材料分析表。

3. 通过小组合作,互帮互助,共同完成任务,培养团结协作精神。

4. 通过自主学习,培养学生自主探究和分析问题的能力。

三、任务学时安排

4课时

四、任务基本程序

1. 分组。按班级学生的能力和特长进行合理分组,每组4~5人,并推选一人担任组长。

2. 明确本次任务的要求。在充分了解和分析本次任务要求的基础上,各小组内合理分工,搜集、查阅相关资料,完成材料信息采集。

3. 分析各装饰材料属性、功能、价格等优缺点,与同类型材料作比较,完成材料分析表,得出结论。

4. 汇报展示。各小组在课堂上汇报所搜集的材料,展示分析成果。

五、任务评价

完成任务后,请结合任务的完成情况进行评价,并填写任务评价表(表6-4-2)。

表6-4-2　任务评价表

(单位:分)

评分内容	评价关键点	分值	自评分	小组互评	教师评分
装饰材料相关资料搜集情况	1. 得出主卧装饰材料区块分布	15			
	2. 完整列出主卧各区块所需材料清单(需了解施工工艺)	35			

评分内容	评价关键点	分值	自评分	小组互评	教师评分
材料数据比较表格完成情况	1. 准确完成各装饰材料属性分析	20			
	2. 数据比对正确，制成材料分析表	20			
	3. 选材结论分析合理	10			
合计		100			

六、知识链接

从主卧装饰材料及属性来看，传统的欧式风格主要强调流畅的线条、华丽的色彩，常用大理石、织物、地毯、壁挂等突出豪华、富丽、典雅的风格。

（一）主卧地面

欧式的居室不只是豪华大气，更多的是惬意和浪漫。主卧的地面可以选择舒适性较强的木地板或大理石等材料。我们将在项目八中介绍实木地板，实木复合地板在餐厅项目中已详细介绍。在这里，我们着重讲解强化复合地板、竹地板。

1. 强化复合地板

强化复合地板是20世纪90年代后才进入我国市场的，它由多层不同材料复合而成，其主要复合层从上至下依次为强化耐磨层、着色印刷层、高密度板层、防震缓冲层和防潮树脂层（如图6-4-1）。强化耐磨层用于防止地板基层磨损；着色印刷层为饰面贴纸，纹理色彩丰富、设计感较强；高密度板层是由木纤维及胶浆经高温、高压压制而成的；防震缓冲层及防潮树脂层位于高密度板层下方，用于防潮、防磨损，并且起到保护积层板的作用。强化复合地板具有很高的耐磨性，耐磨度为普通油漆地板的10~30倍，此外还具有良好的耐污染腐蚀、抗紫外线等性能。强化复合地板安装简便，维护保养简单，但质感不如实木地板。此外，强化复合地板中所包含的胶合剂较多，游离甲醛释放所产生的环保问题也需得到重视。

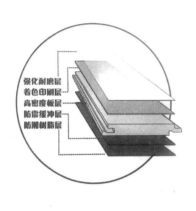

图 6-4-1　强化复合地板构造①

图 6-4-2　竹地板地面主卧②

2. 竹地板

竹地板的主要制作材料是竹子,它采用粘胶剂施以高温高压而成。经过脱去糖份、脂肪、淀粉、蛋白质等特殊无害处理后的竹材,具有超强的防虫蛀功能。竹地板具有良好的物理力学性能,竹材的干缩湿胀小,尺寸稳定性高,不易变形开裂。同时,竹材的力学强度比木材高,耐磨性较高。但是由于竹材中空,多节,头尾材质、径级变化较大,在加工中需去掉一大部分,竹材的利用率一般只有20%～30%。此外,竹地板对竹龄有一定要求,生长 3～4 年及以上的竹子才能被用来制作竹地板,这在一定程度上限制了原料的来源。所以竹地板材料的价格较高(如图6-4-2)。

我们选取常见的几种木质地面材料,可通过资料搜集得出表6-4-3。

6-4-3　地面材料分析表

材料	实木地板	实木复合地板	强化复合地板	竹地板
自然度	真	较真	仿真	真
美观度	纹理清晰自然	纹理清晰自然	较不自然	纹理清晰自然
脚感	好	好	较差	好

---

① 张玲、王金玲:《装饰材料与构造设计》(第 2 版),中国轻工业出版社 2018 年版,第 37 页。

② 竹地板地面主卧.http://tuku.17house.com/122364863.html。

材料	实木地板	实木复合地板	强化复合地板	竹地板
变形度	易	不易	不易	易
膨胀收缩度	易	不易	有一定的膨胀收缩	易
耐磨性	良好	良好	好	良好
自然环境	干缩湿胀	性能稳定	性能稳定	干缩湿胀
地热环境	不适宜	适宜	慎用	不适宜
能否重复打磨	可重复打磨	厚皮层可重复打磨	不能	可重复打磨
寿命	40～50年	8～15年	8～10年	10～15年
资源利用率	资源较缺	有效利用	有效利用	资源利用率较低
价位	高	中	低	高
甲醛含量	低	达到国际标准	达到国际标准	低

根据导读内容,以上介绍的四种地面材料均可用于欧式风格主卧地面的铺设,具体的选择可结合客户喜好、预算和色彩搭配来确定。

(二)主卧顶面

欧式吊顶往往体现出一种低调的奢华感,给人一种大气的印象。欧式风格的整体造型精致典雅、纹理多样,边缘配以精致的线条,从细节处体现着欧式风格的高雅。

1. 石膏板

石膏板吊平顶或者简单的吊顶造型在欧式风格的主卧顶面中非常常见,其工艺流程一般为乳胶漆刷白,中央设置吊灯,边缘再配以线条。关于石膏板的性能,我们已在前面章节详细说明,本节不再做说明(如图6-4-3)。

2. 胶合板

胶合板又称夹板,是将椴木、桦木、榉木、水曲柳、楠木、杨木等原木经处理制成的。一组单板通常按相邻层木纹方向互相垂直组坯胶合而成,其表板和内层板通常对称地配置在中心层或板芯的两侧。涂胶后的单板按木纹方向纵横交错配成的板坯,在加热或不加热的条件下压制即成胶合板。层数一般为奇数,少数也有偶数。纵横方向的物理、机械性质差异较小。常用的胶合板类型有三合板、五合板等(如图6-4-4)。

图 6-4-3 石膏板吊顶主卧①

图 6-4-4　胶合板吊顶主卧②

3. 木质吸音板

木质吸音板是根据声学原理、采用防火 MDF-B1 级基材精致加工而成的,既有木板本身的装潢效果,又有良好的吸声性能。木饰面有木皮、三聚氰胺涂饰层或者喷漆(如图 6-4-5)。吸音板的表面有很多小孔,声音进入小孔后,便会在结构有点像海绵的内壁中胡乱反射,直至大部分声波的能量都消耗了,变成热能,就达到了隔音的效果。木质吸音板采用插槽、龙骨结构,安装简便快捷。

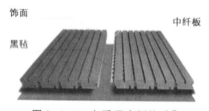

饰面　　　　　　　　中纤板

黑毡

图 6-4-5　木质吸音板构造③

(三)主卧墙面

欧式风格主要以华丽的装饰、浓烈的色彩、精美的造型达到雍容华贵的装饰效果。墙面材质可选用壁纸或优质乳胶漆以烘托豪华效果。硅藻泥材质在项目三餐厅中已作详细讲解,我们这里主要介绍以下四种墙纸:

1. 天然壁纸

天然壁纸是一种用草、麻、木材、树叶等天然植物制成的壁纸(例如麻草壁

---

① 石膏板吊顶主卧 .https://home.fang.com/zhuangxiu/caseinfo2387558/。

② 胶合板吊顶主卧 .http://www.zx123.cn/xiaoguotu/20150703422135.html。

③ 木质吸音板构造 .https://baike.baidu.com/pic/b9ef9d9bb832fdfa3c81?fr=lemma&ct=single。

纸)。它将纸作为底层,编制的麻草作为面层,经过复合加工而成。此外也有采用珍贵树种的木材切成薄片制成的。天然壁纸具有阻燃、吸声、散潮的特点,装饰风格自然、古朴、粗犷,给人置身于大自然的感觉(如图6-4-6)。

图 6-4-6　天然壁纸[1]　　　　　　　　图 6-4-7　液体壁纸[2]

2. 液体壁纸

液体壁纸是一种新型的艺术装饰涂料,为液态桶装,通过专有模具,可以在墙面上做出风格各异的图案。黏合剂也可选用无毒、无害的有机胶体,是真正的天然环保产品。液体壁纸不仅克服了乳胶漆色彩单一、无层次感以及壁纸易变色、翘边、起泡、有接缝、寿命短的特点,而且具备了乳胶漆易施工的优点和普通壁纸精美的图案,是集乳胶漆与壁纸的优点于一身的高科技产品(如图6-4-7)。

3. 塑料壁纸

塑料壁纸以优质木浆纸为基层,以聚氯乙烯塑料(PVC树脂)为面层,经印刷、压花、发泡等工序加工而成。其中作为塑料壁纸的底纸,要求能耐热、不卷曲、有一定强度,一般为 $80 \sim 100 \mathrm{g/m^2}$ 的纸张。塑料壁纸品种多、色彩丰富、图案变化多,有仿木纹、石纹、锦缎纹的,也有仿瓷砖、黏土砖的,在视觉上可以达到以假乱真的效果(如图6-4-8)。

---

[1]　天然壁纸 .http://www.t-chs.com/pche50013323/43139870870.html。

[2]　液体壁纸 .2017-09-06,https://www.sohu.com/a/190132953_99913002。

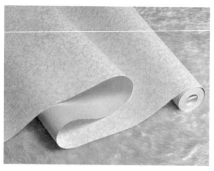

图6-4-8　塑料壁纸①　　　　　　　　图6-4-9　纺织壁纸②

4. 纺织壁纸

纺织壁纸主要用丝、羊毛、棉、麻等纤维织成,质感佳、透气性好。用纺织壁纸装饰居室墙面,可以给人高雅、柔和、舒适的感觉。常见的纺织壁纸有锦缎壁纸、棉纺壁纸、化纤装饰壁纸等(如图6-4-9)。

(四)背景墙

在欧式风格的设计中,对于卧室的背景墙设计可以选择软包方式。软包是墙面上的一种装饰,是以在室内墙面选用具有柔软性的材料加以美化墙面的方式。软包的材质柔软、色彩柔和,分为皮和布两种,但布料不易于清洁,皮质好清洁也显得有档次(如图6-4-10、图6-4-11)。其具有阻燃、吸音、隔音、防潮、防尘、防霉、抗菌、防撞等优点。

图6-4-10　皮质软包背景墙③　　　　图6-4-11　布料软包背景墙④

① 塑料壁纸.2017-02-20,https://www.szconran.com/infocentre/ViewId/2351.do。
② 纺织壁纸.2018-07-18,https://cq.zx123.cn/2018/0718/1522541.html。
③ 皮质软包背景墙.2019-04-21,http://news.17house.com/article-180645-1.html。
④ 布料软包背景墙.2019-04-21,http://mini.eastday.com/a/190421180228052-17.html。

七、练一练

1. 制作完成主卧装饰材料分析表。

2. 了解传统欧式风格常用的装饰手法以及施工工艺。

任务五　主卧装修预算

一、任务描述

1. 此次任务要求学生以小组为单位,在熟悉各装饰材料属性的基础上,了解做装修预算的步骤,并学会编制装修预算表(表6-5-1),完成装修预算。

2. 教师检验,讲解在编制主卧装修预算表中的注意事项。

表6-5-1　主卧装修预算表

项目六:欧式主卧										
序号	项目名称	单位	数量	主材	辅材	人工	损耗	单价	金额(元)	工艺做法及材料说明
1										
2										
3										
4										
5										
6										
总金额										

二、任务目标

1. 学生能掌握做装修预算的步骤。

2. 学生能运用主材、辅材、损耗等数据,完成装修预算表。

3. 组内成员相互帮助,锻炼学生团队合作和协调沟通能力。

三、任务学时安排

4课时

四、任务基本程序

1. 分组。按班级学生的能力和特长进行合理分组,每组4~5人,并推选一人担任组长。

2. 明确本次任务的要求。在充分了解和分析本次任务要求的基础上,各小组内合理分工,进行市场调研和分析。

3. 组内制作完成主卧装修材料预算表。

4. 汇报展示。教师检验,提出问题及建议。

五、任务评价

完成任务后,请结合任务的完成情况进行评价,并填写任务评价表(表6-5-2)。

表6-5-2　任务评价表

(单位:分)

评分内容	评价关键点	分值	自评分	小组互评	教师评分
装饰材料相关资料搜集情况	1. 能正确区分主卧相关装修材料(主材/辅材)	10			
	2. 能正确填写主卧相关装修材料规格及价格	15			
	3. 各项目人工费及材料损耗量(清楚损耗原因)计算准确	25			
装修预算表完成情况	1. 装修预算表格式正确	10			
	2. 装修预算表各数据填写准确	20			
	3. 合理完成预算	10			
合计		100			

六、知识链接

(一)确定选材

根据任务四的分析,我们可以确定欧式主卧的选材。在这里我们还要加上任务四中没有列举的门套、木门、踢脚线、窗帘盒等材料,从而确定主卧的所有材料(如表6-5-3)

表6-5-3　主卧材料表

项目六:欧式主卧		
区域划分	简介	材料
地面	实木复合地板铺设	实木复合地板
顶面	石膏板吊平顶	木龙骨
		石膏板
		顶面腻子
		顶面乳胶漆
墙面	定制软包背景墙＋墙纸	木质角线
		液体壁纸

(二)填写项目名称

将确定的材料填入项目名称,根据材料特点填写单位(如表6-5-4)。

表6-5-4　主卧材料预算步骤表Ⅰ

项目六:欧式主卧										
序号	项目名称	单位	数量	主材	辅材	人工	损耗	单价	金额(元)	工艺做法及材料说明
1	实木复合地板	m²								
2	地龙铺设	m²								
3	石膏板吊顶	m²								
4	顶面乳胶漆	m²								
5	液体壁纸	m²								

续　表

项目六:欧式主卧										
序号	项目名称	单位	数量	主材	辅材	人工	损耗	单价	金额(元)	工艺做法及材料说明
6	定制软包背景墙	m²								
7	实木门	扇								
8	门套	m								
9	成品踢脚板	m								
10	木制窗帘盒	m								
	总金额									

(三)确定价格

我们可以通过查阅资料或者市场调研,得到实木复合地板、液体壁纸等所有材料价格和人工费用。同时,我们还需要明确损耗范围,填写完成数量、主材、辅材、人工和损耗部分(表6-5-5)。

表6-5-5　主卧材料预算步骤表 Ⅱ

项目六:欧式主卧										
序号	项目名称	单位	数量	主材	辅材	人工	损耗	单价	金额(元)	工艺做法及材料说明
1	实木复合地板	m²		320	30	15	5%			
2	地龙铺设	m²		9.5	1.5	16	5%			
3	石膏板吊顶	m²		28	21	40	5%			
4	顶面乳胶漆	m²		6	1	8.5	5%			
5	液体壁纸	m²		15	5	25	5%			
6	定制软包背景墙	m²		400	35	50	5%			
7	实木门	扇								
8	门套	m		52	7	15	5%			

续　表

	项目六:欧式主卧								
序号	项目名称	单位	数量	主材	辅材	人工	损耗	单价	金额(元)	工艺做法及材料说明
9	成品踢脚板	m		15	1.5	5.5	5%			
10	木制窗帘盒	m		13	5	10	5%			
	总金额									

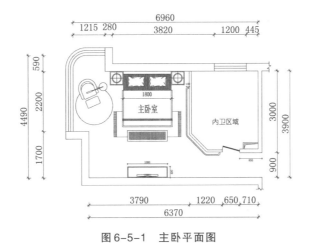

图 6-5-1　主卧平面图

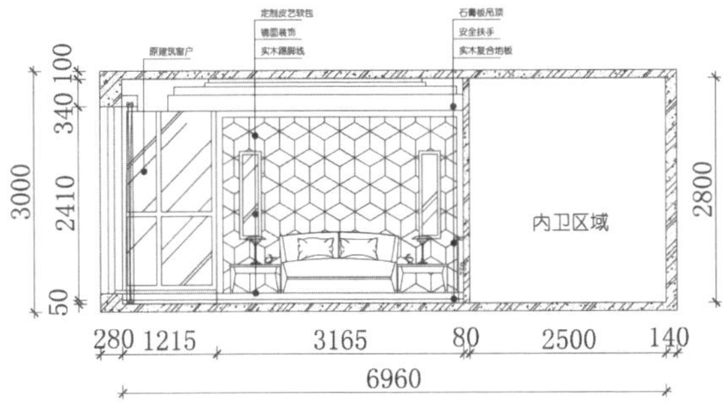

图 6-5-2　主卧立面图

(四)计算

　　根据主卧平面图和立面图(图6-5-1、图6-5-2)可计算得出相关部分的面积、长度等数据。由于主卧平面图不是标准长方形,转角较多,计算需要更加细

心,地面面积和顶面面积为19.8m²,除去吊顶和地面后的层高为2.41m,除去门和窗的面积得到的墙面面积为20.1m²。

单价＝主材＋辅材＋人工＋(主材×损耗);金额＝单价×数量

以液体壁纸为例,单价＝15＋5＋25＋(15×5%)＝45.8(元/m²);金额＝45.8×20.1＝919.6元。

按照以上公式我们便可计算得出各项金额,并加总求得总价。如有需要再在最后一列加上工艺做法及材料说明,这样便基本完成了主卧的装修材料预算表(如表6-5-6)。

表6-5-6 主卧装饰材料预算表

项目六:欧式主卧									
序号	项目名称	单位	数量	主材	辅材	人工	损耗	单价	金额(元)	工艺做法及材料说明
1	实木复合地板	m²	19.8	320	30	15	5%	381.0	7543.8	材料:木龙骨、防潮涂料、辅料等
2	地龙铺设	m²	19.8	9.5	1.5	16	5%	27.5	544.0	工艺流程:地面清理找平,确定图案方向,打龙骨,铺设防潮垫,预铺地板,地板固定于龙骨之上
3	石膏板吊顶	m²	19.8	28	21	40	5%	90.4	1789.9	材料:木龙骨、拉发基石膏板、防火涂料、辅料
4	顶面乳胶漆	m²	19.8	6	1	8.5	5%	15.8	312.8	工艺流程:刷防火涂料,找水平,钢膨胀固定,300*300龙骨格栅,封板
5	液体壁纸	m²	20.1	15	5	25	5%	45.8	919.6	工艺流程:打底,搅拌,加料,涂挂,收料,对花,补花
6	定制软包背景墙	m²	7.83	400	35	50	5%	505.0	3954.2	整体定制
7	实木门	扇	1					1500	1500.0	工艺流程:木工板基层,封装饰面板,实木线条收边,门扇安装,锁具安装,门吸安装,高级油漆工艺
8	门套	m	4.9	52	7	15	5%	76.6	375.3	

序号	项目名称	单位	数量	主材	辅材	人工	损耗	单价	金额（元）	工艺做法及材料说明
					项目六:欧式主卧					
9	成品踢脚板	m	23.5	15	1.5	5.5	5%	22.8	534.6	地板配套实木踢脚板
10	木制窗帘盒	m	3.7	13	5	10	5%	28.7	106.0	木工板立架,实木线封口
	总金额					17580.3				

七、练一练

1. 制作完成主卧项目装修预算表。

2. 讲述液体壁纸的施工工艺。

3. 实木复合地板需要打地龙吗？如果不打地龙如何施工？

项目七

地中海儿童房设计

项目导读

此案建筑面积为198m²,四室三厅三卫(如图7-0-1、图7-0-2)。户主为三口之家,家中育有三岁小男孩,装修预算在40万~45万元。

户主王先生偏好明快浪漫的地中海式风格,偏向以蓝色和白色作为主色调,希望居室能体现活泼的生活气息。他要求用低彩度、线条简单且修边浑圆的木质家具,避免带有棱角,且有一定延续性,地面则铺设实木地板。

王先生对艺术颇有见解,他希望在设计方面不要太死板;考虑到家中的小男孩比较活泼好动,王先生希望在房间布置上尽可能地提供宽敞的活动空间,并且需要安装地暖。

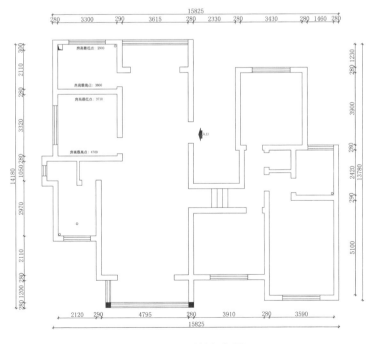

图 7-0-1 原始框架图

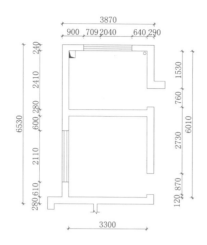

图 7-0-2　书房原始框架图

任务一　探究活动:"地中海风情"

一、任务描述

1. 说一说。学生以小组为单位,课前通过网络、书籍等渠道了解地中海地区的相关知识,例如地中海气候、地中海地区地理环境、地中海地区的古代文明、关于地中海的历史文化故事等,并在课上分小组进行介绍。

2. 议一议。学生说一说地中海风格的特点,并在了解地中海地区自然人文知识的基础上,讨论地中海地区的气候、地理环境以及历史文化对地中海风格产生的影响。

3. 思一思。在了解古代地中海文明的基础上,将其和古中国文明进行比较,思考两大文明的发源及发展有何异同,二者有何相互借鉴之处。

二、任务目标

1. 学生通过了解地中海地区的自然与人文知识,开阔视野,拓展自身知识,并为理解地中海风格形成的渊源打下基础。

2. 学生通过对自然人文等因素的分析讨论,了解地中海风格的渊源。

3. 学生通过古代中国文明及古代地中海文明的比较分析,理解交流互鉴是文明发展的本质要求,懂得文化多样性是人类发展的基本动力。

三、任务学时安排

1课时

四、任务基本程序

1. 分组。按班级学生的能力和特长进行合理分组,每组4~5人,并推选一人担任组长。

2. 明确本次任务的要求。在充分了解和分析本次任务要求的基础上,各小组内合理分工,搜集、查阅相关资料。

3. 课上介绍、讨论、分享。

五、任务评价

完成任务后,请结合任务的完成情况进行评价,并填写任务评价表(表7-1-1)。

表7-1-1　任务评价表

(单位:分)

评分内容	评价关键点	分值	自评分	小组互评	教师评分
"说一说"	1. 介绍内容能准确反映地中海地区的特色	20			
	2. 介绍内容丰富详实、讲述清晰	20			
"议一议"	1. 发言内容切题、言之有物	20			
"思一思"	1. 能够分析出两大文明的异同	20			
	2. 能认识到文化多样性或不同文明交流互鉴的重要意义	20			
合计		100			

六、知识链接

地中海以亚平宁半岛、西西里岛和突尼斯之间的突尼斯海峡为界,分东西两部分。地中海是世界上最古老的海,历史比大西洋还要古老。地中海沿岸还是古代文明的发祥地之一,这里有古埃及的灿烂文化,有古巴比伦王国和波斯帝国的兴盛,更有欧洲文明的发源地(爱琴文明、古希腊文明以及公元世纪时地跨亚非欧三大洲的古罗马帝国)。

(一)地中海地区自然地理环境

地中海处在欧亚板块和非洲板块交界处,是世界强地震带之一。地中海地区内有维苏威火山和埃特纳火山。

地中海是典型的地中海气候区域,夏季干热少雨,冬季温暖湿润,这种气候使得周围河流冬季涨满雨水,夏季干旱枯竭。冬季受西风带控制,锋面气旋活动频繁,气候温和,最冷月均温在 4 ~ 10℃;降水量丰沛;夏季在副热带高压控制下,气流下沉,气候炎热干燥,云量稀少,阳光充足。全年降水量一般为 300 ~ 1000mm,冬半年约占 60% ~ 70%,夏半年只有 30% ~ 40%。地中海冬雨夏干的气候特征,在世界各种气候类型中,可谓独树一帜。地中海地区的植被叶质坚硬、叶面有蜡质、根系深,有适应夏季干热气候的耐旱特征,属亚热带常绿硬叶林。这里光热充足,是欧洲主要的亚热带水果产区,盛产柑橘、无花果和葡萄等,还有木本油料作物油橄榄。

(二)地中海文明

作为西方文明的发源地,地中海受到多元文明的影响:尼罗河孕育的古埃及文明为地中海文明的发展奠定了坚实的基础;两河流域的古巴比伦文明为地中海文明的丰富与升华注入了新的血液;古希腊神话中的特洛伊战争开启了我们对地中海文明的浪漫想象;迈锡尼、塞浦路斯与腓尼基文明为地中海文明构筑了新的图景;公元前 4 世纪以后,古希腊、古罗马文明成为地中海文明的主旋律,并影响了欧洲乃至世界文明的发展进程。

1. 古埃及文明

公元前 3000 年,埃及文明发源于尼罗河中下游地区,其范围从地中海东部广阔的三角洲地区一直延伸到克里特岛、希腊和意大利南部。正是在这片三角形海域上,埃及文明与克里特文明以及腓尼基文明在公元前的 20 多个世纪里共同繁荣发展,人们相互通商、自由贸易,商业的触角甚至延伸到意大利半岛及周围岛屿、北非沿岸和地中海西部,最远到达了西班牙。

对于以河流为中心建立并发展起来的古埃及,在很长一段时间内,地中海在其地缘政治中是无足轻重的,地中海的海上交通掌握在希腊人、腓尼基(今黎巴嫩)人等极少数拥有舰队的民族手中,而直至公元前21世纪中期,为控制通往安纳托利亚半岛和陆路通道的叙利亚海域,埃及才将目光转向地中海。

但这并不说明埃及人缺乏对地中海的了解,相反,从现有的资料来看,埃及人对地中海各族的了解和影响都是深刻和全面的。尼罗河孕育的古埃及文明是构成地中海文明的重要组成部分(如图7-1-1)。

2. 迈锡尼文明、塞浦路斯文明与腓尼基文明

从最遥远的史前时代起,通过海洋进行交流和联系已成为地中海地区人们生活的重要内容。地中海航线沿途遗物质遗存见证了沿岸各地不同文明之间的交流与碰撞。其中颇具代表性的是迈锡尼文明;塞浦路斯文明和腓尼基文明。迈锡尼文明代表了早期的爱琴海文明,塞浦路斯由于地处地中海东部重要的交通枢纽,其文明呈多元特点;而腓尼基人不但活跃于整个地中海地区,而且以商业为其文明的核心特征。迈锡尼人的足迹遍及地中海大部分地区,并与塞浦路斯、叙利亚、埃及以及意大利进行交流,地中海东部的海上贸易网络越来越密集(如图7-1-2)。

图7-1-1　古埃及的船[①]

---

① 古埃及的船.2018-12-26,http://www.she-zhang.com/news_show.aspx?id=4350。

图7-1-2 迈锡尼港口①

3. 古希腊文明

希腊被认为是西方文明的发源地,其艺术、哲学、政治体制对西方文明有着深远的影响。古代希腊的殖民地遍布西欧、南欧、北非、小亚细亚和黑海沿岸,形成了一个影响深远的"希腊世界"。希腊人创造了地中海文化交流的主要形式,使得古代神话得以通过具有象征意义的手工制品(特别是雅典陶器)而代代相传(如图7-1-3)。

图7-1-3 古希腊陶器②

① 迈锡尼港口.2018-01-19,https://www.sohu.com/a/217698856_99894978。
② 古希腊陶器.https://www.photophoto.cn/show/09745543.html。

4. 古罗马文明

相传在公元前753年,拉丁人罗慕洛在罗马的台伯河畔建城,由此开启了古罗马文明的进程。在历经王政时代、共和时代之后,公元前1世纪,罗马进入了帝国时代。古罗马文明是人类文明史上高度发达的文明的代表,是在充分吸收西亚各古代国家、埃及和希腊文明的基础上创造出的属于自己的独特文明,并以其高度发达的文化、政治、经济、军事,在相当长的时期里影响和辐射着周边地区。罗马帝国时期是古罗马文明最为辉煌的时期,保留至今的建筑、雕塑、绘画、文学等忠实地展现了帝国文化的特征以及罗马人奢华悠闲的生活习惯和品位。

罗马帝国日益激化的矛盾和日耳曼部族的入侵最终导致古罗马文明的终结,蛮族国家文化替代了昔日帝国的辉煌。476年,西罗马帝国灭亡后,许多入侵的蛮族在西罗马帝国的领土上先后建立了10个王国,而东罗马帝国(即拜占庭帝国)成为罗马帝国实际意义上的继承者。两者之间的联系与冲突激荡出一种新文明的开端。古典文明与蛮族文化元素融合,造成了这一时期独特的承前启后的地中海文化风貌(如图7-1-4)。

图7-1-4　古罗马斗兽场①

七、练一练

1. 请观察地中海风格通常使用的材质,讲述地中海的地理环境特点。

---

① 古罗马斗兽场.http://maerdaifu.wabuw.com/info-show-10117.html。

2. 找一找地中海风格有哪些设计元素可以体现古埃及、古希腊、古罗马文明。

任务二　测量、绘制——儿童房家具与人体的关系

一、任务描述

1. 此次任务要求学生以小组为单位,通过查阅资料、测量儿童房中主要家具的尺寸与人体相关联的尺寸,填写完成儿童房家具分析表(表 7-2-1),由此分析儿童房家具与人体之间的关系。

2. 通过调查、分析,各小组绘制完成儿童房主要家具的三视图及主要家具尺寸与人体尺寸之间的关系图,并选派代表进行展示说明。

3. 教师点评,讲解儿童房主要家具与人体尺寸之间的关系。

二、任务目标

1. 学生通过多种渠道的查阅和分析,能说出儿童房主要家具与人体尺寸之间的关系。

2. 学生能准确说出不同年龄段儿童的儿童房主要家具尺寸,并能绘制相关图纸。

3. 培养学生的团队协作能力和表达能力。

三、任务学时安排

6课时

四、任务基本程序

1. 分组。按班级学生的能力和特长进行合理分组,每组 4~5 人,并推选一人担任组长。

2. 明确本次任务的要求。在充分了解和分析本次任务要求的基础上,各小组内合理分工,搜集、查阅相关资料,并完成本次任务初稿。

3. 完成作业内容。搜集资料进行汇总和分析,填写表 7-2-1。

表7-2-1　儿童房(16岁)家具分析表

家具类型	家具数值	相关人体数值	具体数值	绘制
儿童床	长度(例)	身高	1000mm	三视图
	宽度			
	高度			
书桌	长度			三视图
	深度			
	高度			
书柜	长度			三视图
	深度			
	高度			
衣柜	长度			三视图
	深度			
	高度			
儿童房家具与人体尺寸关系	床与人体的尺寸关系			关系图
	书桌与人体的尺寸关系			关系图
	书柜与人体的尺寸关系			关系图
	衣柜与人体的尺寸关系			关系图

4.展示交流。各小组在课堂上共同展示交流此次调查结果,互相查漏补缺、协作学习。

五、任务评价

完成任务后,请结合任务的完成情况进行评价,并填写任务评价表(表7-2-2)。

表7-2-2　任务评价表

(单位:分)

评分内容	评价关键点	分值	自评分	小组互评	教师评分
作业内容	1.完成并正确填写表格中的内容	20			
	2.三视图绘制完整	20			
	3.三视图尺寸标注正确、符合标准	20			

续 表

评分内容	评价关键点	分值	自评分	小组互评	教师评分
作业内容	4. 家具尺寸与人体尺寸之间的关系分析到位	20			
作业展示	1. 三视图绘制清晰、精美	10			
	2. 展示代表仪态大方、表述清晰	10			
合计		100			

六、知识链接

(一)儿童房中的主要家具尺寸

儿童房是孩子的卧室、起居室和娱乐空间,儿童房的设计应当满足儿童在房间内的一切活动需求。但是由于儿童处于一个身体不断成长的阶段,因而我们在设计儿童房时,必要考虑到孩子不断成长的过程。好的儿童房家具应富于变化、易于配套,在设计上充分考虑到儿童的成长。

根据儿童房的特性和案例中王先生的要求,我们为王先生家的儿童房设计了分区,并绘制了动线图(如图7-2-1)。

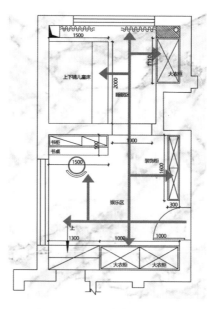

图 7-2-1　儿童房家居动线

根据儿童的活动需求,儿童房的主要家具有儿童床、书桌椅、书柜、衣柜等。

1. 常见儿童床尺寸

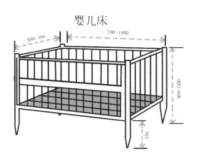

图 7-2-2 四岁以下儿童床[①]

4 岁以下的儿童成长非常迅速,如果床太小,1 年左右床就要被淘汰,这样过于浪费;如果床太大,又不能确保婴儿的安全。因此合适的儿童床尺寸应为 1000mm*600mm*300mm(长宽高),这个阶段的儿童床应加装护栏,高度一般为 450mm,防止儿童睡觉时滚落(如图 7-2-2)。4~6 岁的儿童,通常身高在 90~120cm,儿童床的尺寸应为 1400mm*600mm*400mm。小学阶段儿童床的长度尺寸不能少于 1600mm,宽度为 1000mm 左右,高度为 500mm 左右。

2. 常见儿童书桌尺寸

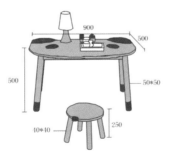

图 7-2-3 玩具桌椅

学龄前儿童一般有玩具桌的使用需求。玩具桌的尺寸较小,长一般为 900mm,宽度一般为 500mm,高度一般在 420~500mm,配套的椅子高度一般在 250mm,既能满足学龄前儿童的娱乐需求,也可作为书桌的过渡(如图 7-2-3)。

---

① 理想·宅:《设计必修课·室内设计与人体工程学》,化学工业出版社 2019 年版。

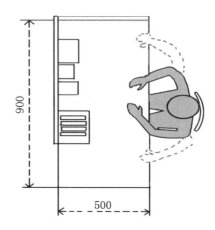

图 7-2-4　儿童书桌尺寸①

　　儿童一般在 7 岁以后就需要正式的学习书桌。儿童书桌需要符合人体工程学原理，书桌椅的尺寸要与孩子的高度、年龄以及体型相符合，这样才有益于儿童的健康成长。标准的儿童书桌长在 1100 ~ 1200mm，宽在 550 ~ 600mm，基本上可以满足学龄孩子的需要（如图 7-2-4）。

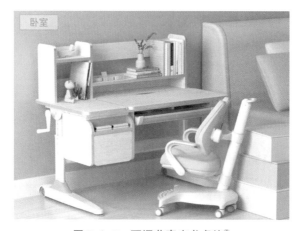

图 7-2-5　可调节高度书桌椅②

　　由于孩子的成长较为迅速，身高也在快速增长，因此儿童书桌椅要尽量使用

① 理想·宅：《设计必修课·室内设计与人体工程学》，化学工业出版社 2019 年版。
② 草田叶子：可调节高度书桌椅，2020-01-03，https://huaban.com/pins/2917524831/。

可伸缩的设计,可以避免频繁更换(如图7-2-5)。

　　7岁的儿童身高一般在110~115cm,对应的书桌高度在460mm左右;10岁的儿童身高一般在130.4~141.5cm,对应的书桌高度在530mm左右;12岁的儿童身高一般在146.7~151.6cm,对应的书桌高度在550mm左右;14岁的儿童身高一般在157.6~162.7cm,对应的书桌高度在630mm左右。

　　3. 常见儿童书柜尺寸

图7-2-6　儿童书柜①

　　一般而言,儿童书柜是为了满足孩子学习的基本功能。整体设计的书柜尺寸和成人使用的书柜没有明显区别。一般深度为300mm,高度为2000mm,下柜高度以800~900mm为宜。格位的高度最少为300mm(16开高度,音像光盘只要150mm即可)(如图7-2-6)。

　　4. 常见儿童衣柜的尺寸

　　儿童房衣柜的高度一般取决于墙体的高度,儿童房内的衣柜尺寸与成人用衣柜大体无异,宽度在1500~2300mm,高度在2000~2200mm,深度为500~710mm。在存放物品时,可以在下层存放儿童衣物,上层存放被褥等物品。孩子长大后,也可以使用同样的衣柜(如图7-2-7)。

---

① 柚子jiang:儿童书柜,2016-05-18,https://huaban.com/pins/721411330/。

图 7-2-7　儿童衣柜①

（二）儿童房家具的成长性设计

1. 儿童床的成长性设计

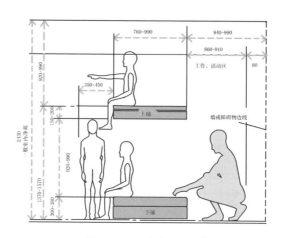

图 7-2-8　儿童双层床②

随着二胎政策的放开，家庭中有两个孩子将成为常态，因此双层的儿童床成为了更多家庭的选择（如图 7-2-8）。一般室内的净高在 2430mm 左右，双层儿童床的两层床铺都需要为孩子的活动留下 920～990mm 的充足活动空间。因此下

---

① 奈篱笙：儿童衣柜，2020-03，https://huaban.com/pins/3034227199/。
② 理想·宅：《设计必修课·室内设计与人体工程学》，化学工业出版社 2019 年版。

铺的高度一般在 300～380mm，上铺的高度在 1370～1570mm，厚度在 150～200mm。上下床铺的宽度在 760mm 左右，长度在 2000mm 左右。床边需要留出 350～450mm 的一人通行距离，同时需要为铺床等活动留下 860～910mm 的活动距离。

　　另外，在选择儿童床时，可以选择可折叠或伸缩的产品，以满足孩子各个时期的需要。

　　2. 儿童书桌的成长性设计

　　现代家庭越来越注重儿童书桌使用的可持续性，希望家具能够陪伴孩子长大。除了可调节高低的书桌椅外，也有很多家庭选择组合式书桌椅。通过不同的组装方式，组合式书桌椅可以适应孩子不同成长阶段对书桌椅的需求（如图7-2-9、图7-2-10、图7-2-11）。在儿童成长不同时期，可以通过增加或者删减书桌的组合柜适应孩子的不同身高。

图7-2-9　组合式书桌(1)[1]

图7-2-10　组合式书桌(2)[2]

图7-2-11　组合式书桌(3)[3]

[1]　松下希和著，温俊杰译：《装修设计解剖书》(第2版)，南海出版公司 2018 年版，第 133 页。
[2]　松下希和著，温俊杰译：《装修设计解剖书》(第2版)，南海出版公司 2018 年版，第 133 页。
[3]　松下希和著，温俊杰译：《装修设计解剖书》(第2版)，南海出版公司 2018 年版，第 133 页。

3. 儿童房书柜的成长性设计

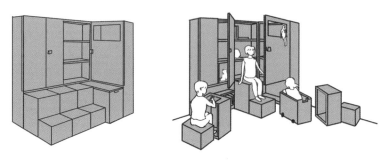

图 7-2-12　孩子的书柜[1]

现代家庭为了更好地满足孩子对书柜的使用需求,常常会在儿童房采用组合式的书柜设计(如图 7-2-12)。

在孩子的幼儿阶段,这样的设计可以使每一个组合柜成为孩子的玩具,也可以收纳孩子的玩具等物品,甚至可以组合成孩子的玩具桌。等孩子开始上学,这些组合柜又可以组合成为书柜,满足孩子的学习需求。

4. 儿童衣柜的成长性设计

图 7-2-13　8 岁的衣柜[2]　　　　图 7-2-14　16 岁的衣柜[3]

随着孩子的不断成长,衣物越来越多,便会需要越来越大的收纳空间(如图 7-2-13、图 7-2-14)。因此在衣柜设计的过程中,应充分考虑到孩子长大后的需求,将挂衣区的尺寸按照成人的标准来设计,同时多设层板,在孩子衣物还不多

① 松下希和著,温俊杰译:《装修设计解剖书》(第 2 版),南海出版公司 2018 年版,第 126-127 页。

② 铃木信弘著,郑敏译:《住宅收纳设计全书》(第 2 版),南海出版公司 2018 年版,第 73 页。

③ 铃木信弘著,郑敏译:《住宅收纳设计全书》(第 2 版),南海出版公司 2018 年版,第 73 页。

的时候,衣柜的部分区域可以用于储存其他物品(如图7-2-15)。

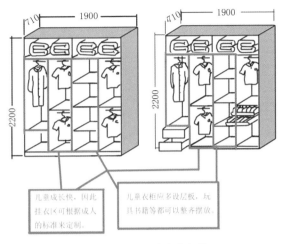

儿童成长快,因此挂衣区可根据成人的标准来定制。

儿童衣柜应多设层板,玩具书籍等都可以整齐摆放。

图7-2-15　儿童衣柜①

七、练一练

1. 通过网络、书籍等途径,搜集更多关注儿童房可持续性的家具设计。

2. 运用所学知识,为课前导读中的王先生家3岁的儿子规划儿童房中的主要家具尺寸及家具布局。

任务三　绘制儿童房平面布置图、立面图

一、任务描述

1. 此次任务要求学生以小组为单位,分析项目原始框架图,依据儿童房设计的功能要求,结合业主设计需求,对案例户型的儿童房区域进行合理的布局设计。

2. 要求在确定儿童房布局设计方案的基础上,小组分工绘制儿童房平面布

---

① 欧派官网:儿童衣柜,2016-01-09,https://www.oppein.cn/news/5670。

置图,并选取一个立面绘制一张儿童房的立面图。各小组展示,说明设计思路,分享设计方案。

3. 教师点评,讲解儿童房布局设计与绘制相关图纸的注意事项。

二、任务目标

1. 学生能说出儿童房的概念及设计要点,能灵活运用不同阶段儿童房的设计要求,对儿童房区域进行合理布局设计。

2. 学生所绘制的儿童房平面布置图与立面图数据合理,既符合人体工程学要求,又能满足客户需求。

3. 在学生展示过程中,学生能运用专业术语准确表达方案。

4. 通过项目任务提高学生分析问题的能力,培养学生团结协作精神,让学生互相帮助、共同完成任务。

三、任务学时安排

4课时

四、任务基本程序

1. 分组。按班级学生的能力和特长进行合理分组,每组4~5人,并推选一人担任组长。

2. 明确本次任务的要求。在充分了解和分析本次任务要求的基础上,各小组内合理分工,搜集、查阅相关资料,并完成本次任务初稿。

3. 绘制图纸。各小组确定儿童房布局设计方案,绘制相应图纸。

4. 展示交流。各小组在课堂上展示交流设计思路与设计方案,互相查漏补缺、协作学习。

五、任务评价

完成任务后,请结合任务的完成情况进行评价,并填写任务评价表(表7-3-1)。

表 7-3-1　任务评价表

（单位：分）

评分内容	评价关键点	分值	自评分	小组互评	教师评分
儿童房布局设计方案	1. 儿童房空间布局合理	20			
	2. 能结合人体工学知识合理布置家具	20			
	3. 设计风格和设计方案符合业主要求	10			
图纸绘制	1. 视图的投影关系准确	10			
	2. 尺寸标注准确,文字标注完整	10			
	3. 图纸能正确表达设计方案	30			
合计		100			

六、知识链接

(一)儿童房的概念

儿童房是孩子独立居住、成长与发展的私密空间。在设计上,设计师要充分考虑到孩子的年龄、性别、性格等特定因素。

(二)儿童房的类型与设计要点

根据孩子年龄的不同,我们可以将儿童房分为以下几种类型:

1. 婴幼儿期卧室

婴幼儿期指 0 ~ 6 岁年龄阶段,我们又可以将这段时期分为两个阶段:0 ~ 3 岁期、3 ~ 6 岁期。

0 ~ 3 岁期的婴幼儿对空间的要求很小,可在主卧室设育婴区或单独设育婴室。育婴室设计以安全、卫生为最高原则,可配置婴儿床、安全座椅、娱乐区等(如图 7-3-1)。

3 ~ 6 岁期的幼儿属于幼儿期,孩子的活动能力增强,活动内容也增多,活动区域也要相应变大。幼儿期卧室设计要求良好的采光与通风,可配置小型的书桌椅、衣柜以及游戏活动区域等。房间布置可采用鲜艳、对比强烈的颜色,以强化幼儿对色彩的感觉,从而激发孩子的好奇心和想象力(如图7-3-2)。

图7-3-1　婴儿期卧室[①]

图7-3-2　幼儿期卧室[②]

2. 童年期卧室

童年期指7~13岁的年龄阶段,属于小学阶段。在这个阶段,学习和游戏是他们生活的主要内容,孩子对空间面积和私密性要求越来越高。童年期的卧室设计应考虑儿童的学习特点、兴趣爱好、性别等多个方面。室内应具备学习、休息、娱乐的功能。在条件允许的情况下,还可以设置手作台、试验台等(如图7-3-3)。

图7-3-3　童年期卧室[③]

---

① 婴儿期卧室.2016-12-27,http://www.jkczsw.com/detail/1362.html。

② 幼儿期卧室.2017-05-08,https://zhishi.fang.com/jiaju/qg_280393.html。

③ 童年期卧室.https://home.fang.com/zhuangxiu/caseinfo2381204/。

3. 青少年期卧室

青少年期指14～17岁的年龄阶段,属于中学期。这个年龄阶段的孩子已具有独立的人格和自己的交往群体,所以卧室除了能够学习和休息之外,还需要一定的会客空间。青少年期卧室设计可突出个性,在满足基本功能的基础上,可以根据孩子的性别、性格以及业余爱好进行个性化设计。房间需要配置比幼童时期更专业、更正式的书桌和书架,以促进孩子的学业并养成良好的学习习惯。

图7-3-4 青少年期卧室①

(三)儿童房布局设计

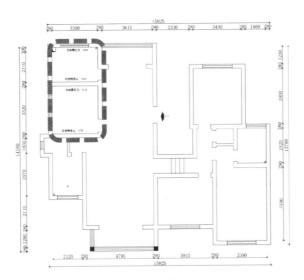

图7-3-5 原始结构图

---

① 青少年期卧室 .http://www.xgtdq.com/。

本案为198m²的大平层,四室三厅三卫,一家三口,故人均占有面积较大。我们将红线框内两小块区域(见图7-3-5)合二为一,通过拆墙后新建一部分墙体(如图7-3-6),形成一个空间较大且相对整体的儿童房区域,面积约为18.5m²。

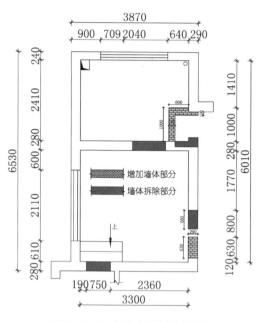

图7-3-6 儿童房拆墙砌墙图

1. 绘制儿童房平面布置图

本案的小业主为3岁男孩,活泼好动,因此我们设计的儿童房属于幼儿期卧室。根据户型和小业主年龄阶段的活动特点,我们将儿童房划分为两个区——睡眠区与娱乐区(如图7-3-7)。睡眠区配置一张1500mm*2000mm的上下铺儿童床,另一侧设置一面1100mm的衣柜。娱乐区设置一套简单的书桌书柜,宽度为1500mm,进深为500mm。房间的一侧设置一面1600mm*300mm的装饰柜,可用于展示装饰品、收纳玩具。房间的另一侧设置衣柜,充分利用空间,可用于小业主收纳衣物,也可以用于家庭储物。其余空间不多作布置,宽敞的活动区域可供小业主嬉戏玩耍。

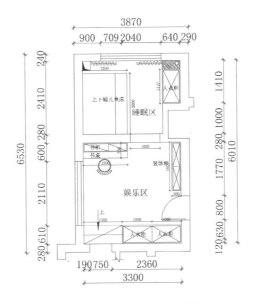

图 7-3-7　儿童房平面布置图

2. 绘制儿童房立面图

以儿童房睡眠区一侧为例,房间的原始层高为 3600mm,层高较高。因此,我们将吊顶高度设计为 650mm,中央空调的排风口位置需占用 250mm,地面铺装高度为 50mm,剩下的层高为 2650mm(如图 7-3-8)。根据业主要求的地中海风格,睡眠区与娱乐区之间设计了一个拱形门洞,房间一侧放置上下铺儿童床。墙面材质选择海蓝色墙纸,比较符合小男孩特性,又能满足孩子的探险梦,同时也突出了地中海风格亲近海洋、亲近自然的特点。

再以儿童房娱乐区一侧为例,首先将吊顶高度调整到与睡眠区一致,除去吊顶与地面铺装后,剩余层高为 2650mm。窗户的右侧配置书桌书柜,书柜的高度为 750mm,书柜至书桌的高度为 1450mm,进深为 300mm,可再配置一把可调节高度的学习椅。在材质上,地中海风格一般选用原木、天然石材等以营造浪漫自然的氛围,我们根据业主需求,地面铺装选择了实木地板。在窗户的左侧,我们设计了两级 150mm 高的台阶,通向家庭其他区域。图 7-3-9 是笔者根据业主需求绘制的儿童房娱乐区立面图。

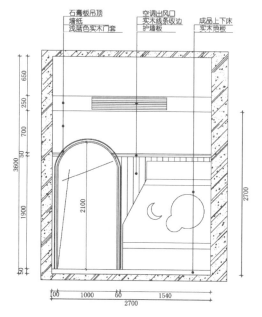

图 7-3-8　儿童房睡眠区立面图

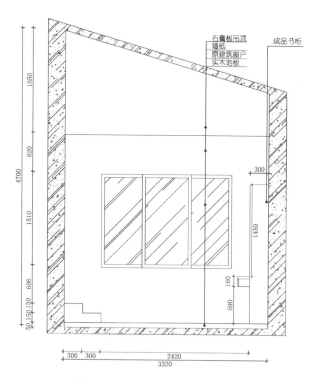

图 7-3-9　儿童房娱乐区立面图

七、练一练

1. 不同年龄阶段的儿童房有哪些设计注意事项？
2. 儿童房区域中可以摆放哪些家具从而满足不同功能？
3. 在绘制儿童房平面布置图与立面图时需要注意哪些设计原则？
4. 尝试画一画儿童房的地面铺装图与顶棚装饰图。

任务四　制作儿童房装饰材料分析表

一、任务描述

1. 此次任务要求学生以小组为单位，根据任务三完成的平面布置图、立面图，结合客户需求，分析儿童房装修所需装饰材料。

2. 各小组通过上网搜索、市场调研等方式，了解儿童房常见装饰材料的特性，采集儿童房常见装饰材料信息，比较同类型材料之间的优缺点，完成材料分析表（表7-4-1）。最后各小组确定选材，展示成果。

表7-4-1　地中海风格儿童房材料分析表

区域分布	材料名称	吸水率	防滑性	光泽度	耐脏性	耐磨性	平整度	规格	价位	是否合适
儿童房地面	实木地板									
	实木复合地板									
	强化复合地板									
区域分布	材料名称	施工难易		施工周期		维护		规格	价位	是否合适
儿童房地面（踢脚线）	木质踢脚线									
	密度板覆膜踢脚线									
	PVC高分子踢脚线									

续　表

	材料名称	优点		缺点		是否合适
儿童房顶面	石膏板					
	胶合板					
	集成吊顶					

	材料名称	环保性	价格	普及率	施工难易	施工周期	对墙的保护	保养	是否合适
儿童房墙面	护墙板								
	普通墙纸								
	真石漆								
	绒面涂料								
	肌理涂料								

3.教师检验成果,点评,指出不足之处。

二、任务目标:

1. 学生能依据平面布置图、立面图,结合儿童房常见材料的特性,确定儿童房各区域所需装饰材料。

2. 通过制作材料分析表,学生能准确说出各材料之间的优缺点。

3. 通过小组合作,互帮互助,共同完成任务,培养学生团结协作精神。

三、任务学时安排

4课时

四、任务基本程序

1. 分组。按班级学生的能力和特长进行合理分组,每组4～5人,并推选一人担任组长。

2. 明确本次任务的要求。在充分了解和分析本次任务要求的基础上,各小组内合理分工,搜集、查阅相关资料,完成材料信息采集。

3. 分析各装饰材料属性、功能、价格等优缺点,与同类型材料作比较,完成制作材料分析表,得出结论。

4. 汇报展示。各小组在课堂上汇报所搜集的材料,展示分析成果。

五、任务评价

完成任务后,请结合任务的完成情况进行评价,并填写任务评价表(表7-4-2)。

表7-4-2　任务评价表

(单位:分)

评分内容	评价关键点	分值	自评分	小组互评	教师评分
装饰材料相关资料搜集情况	1. 得出儿童房装饰材料区块分布	15			
	2. 完整列出儿童房各区块所需材料清单(需了解施工工艺)	35			
材料数据比较表格完成情况	1. 准确完成各装饰材料属性分析	20			
	2. 数据比对正确,制成材料分析表	20			
	3. 选材结论分析合理	10			
合计		100			

六、知识链接

地中海风格是最富有人文精神和艺术气质的装修风格之一。它通过连续拱门、马蹄形窗等来体现空间的通透,通过一系列极具开放性和通透性的建筑装饰语言来表达地中海风格的精神内涵。同时,它通过取材天然的材料(例如原木、天然石材等)来体现向往自然、亲近自然、感受自然的生活情趣,进而体现地中海风格的思想内涵。

(一)儿童房地面(踢脚线)

我们可以选择舒适性较强的木质地板作为地中海风格儿童房的地面材料。常见的木质地板主要有实木地板、实木复合地板、强化复合地板等,这些材质我们已在前面章节详细介绍,这里就不赘述。此章节我们着重讲解地面的踢脚线

材料。

踢脚线是家居装修中必不可少的材料,它贴在墙面与地面相交的部位。我们可以利用踢脚线本身独具的线形美感与室内其他装饰相互呼应,同时还可以使地板与墙面有一个过渡。此外,安装踢脚线还可以避免外力碰撞对墙体造成损坏。

1. 木质踢脚线

木质踢脚线的基材是木工板或多层板,面层粘贴饰面板,顶部钉木条线,最后经油漆施工完成。木质踢脚线自然,质感好,但制作工序繁杂,工期长,款式相对其他种类的踢脚线也较单一(如图7-4-1)。

图7-4-1　木质踢脚线①

图7-4-2　密度板覆膜踢脚线构造②

2. 密度板覆膜踢脚线

密度板覆膜踢脚线以中密度板为基材,雕刻花型后,表面以高温高压吸附一层PVC贴膜。它的优点是花色品种多、花型丰富。但是密度板忌讳受潮,受潮后会膨胀变形和霉变,所以这类踢脚线的背面也会覆一层膜做防潮处理(如图7-4-2)。

3. PVC高分子踢脚线

PVC高分子踢脚线以树脂为原料,经微发泡后高温挤出成型,具有良好的泡孔结构。它的优点是:材料密度高、强度高、防水防霉;无甲醛、苯、氨等有害物质;使用寿命是普通木制产品的10倍;产品环保,可回收再利用。缺点是与实木踢脚线相比缺少真实自然的质感(如图7-4-3)。

① 木质踢脚线.http://www.midujia.com/share/118145.html。
② 密度板覆膜踢脚线构造.2019-11-12,http://ask.17house.com/q-3802786.html。

图7-4-3　PVC高分子踢脚线①

（二）儿童房顶面

连续拱门、马蹄形窗是地中海风格的突出特点，并且在组合上非常注重空间的搭配。导读中的户型层高较高、面积较大，非常适合地中海风格。在装饰材料选择方面，通常选择木质材料或者天然石材，从而更好地体现地中海风格贴近自然、柔和质朴的特点。

1. 石膏板

石膏板吊平顶或者简单的吊顶造型，在地中海风格的居室顶面中非常常见。一般采用乳胶漆刷白，再配以造型简单、色调柔和的灯具。关于石膏板的性能我们已在前面章节详细说明，本章节不再做说明（如图7-4-4）。

图7-4-4　石膏板吊顶儿童房②

---

① PVC高分子踢脚线.http://www.zhaoshang100.com/gy-125687/。
② 石膏板吊顶儿童房.https://home.fang.com/album/channel_216167/。

2. 集成吊顶

集成吊顶是 HUV 金属方板与电器的组合,分扣板模块、取暖模块、照明模块、换气模块。它安装简单、布置灵活、维修方便。因为其防水防潮的特点,最早广泛应用于厨卫空间,而现在集成吊顶被应用于家居的各个空间。现如今集成吊顶采用先进的保温和隔音技术,增强面板的严密性,有效吸音、吸光,从而保证了卧室的隔音效果,并提高了居室的升温和保温能力。同时,集成吊顶可以产生点光、线光、面光等不同灯光效果,还可以通过反射光达到柔和自然的效果,让使用者感到自然又亲近(如图7-4-5)。

图 7-4-5　集成吊顶运用于卧室①

(三)儿童房墙面

地中海风格的特点是明亮、大胆、有明显的民族特色。因此,我们在装饰过程中,需保持简单的意念,捕捉光线,取材于大自然,大胆而自由地运用色彩、样式。墙面色调应以蓝色、白色、黄色为主,使人感觉明亮悦目。墙面材质的选择可以相对宽泛,大家可以根据导读中的业主需要,选择适宜的材料。其中护墙板、墙纸类材质已经在其他章节做详细讲解,此章节我们将介绍以下三类涂料:

1. 真石漆

真石漆又称石质漆,主要由高分子聚合物、天然彩色砂石及相关助剂制成,干结固化后坚硬如石,看起来像天然花岗岩、大理石一般(如图7-4-6)。真石漆具有

---

① 集成吊顶运用于卧室.2018-12-07,http://www.qizuang.com/gonglue/jcdd/86571.html。

防火、防水、耐酸碱、耐污染、无毒、无味、粘接力强、永不褪色等特点,能有效地阻止外界环境对墙面的侵蚀。在室内装饰中真石漆多用作背景墙的涂装(如图7-4-7)。

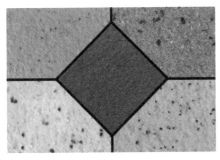

图7-4-6 真石漆[1]

图7-4-7 真石漆墙面儿童房[2]

2. 绒面涂料

绒面涂料(如图7-4-8)又称仿绒涂料,采用丁苯乳液、方解石粉、轻质碳酸钙粉及添加剂等混合搅拌而成,有多种配方产品。绒面涂料具有耐水洗、耐酸碱、施工方便、装饰效果好等特点。绒面涂料可广泛应用于室内墙面(如图7-4-9)、顶面、家具表面的涂装,还能用于木材、混凝土、石膏板、石材、墙纸、灰泥墙壁等不同材质的表面施工。

图7-4-8 绒面涂料[3]

图7-4-9 绒面涂料墙面居室[4]

[1] 真石漆.2019-04-25,https://china.globrand.com/News/1313095.html。
[2] 真石漆墙面儿童房.2018-12-11,https://dl.58.com/jiazhuang/36415538545701x.shtml。
[3] 绒面涂料.http://www.tbw-xie.com/ux_586116048811.html。
[4] 绒面涂料墙面居室.http://www.tbw-xie.com/px_0/579712334637.html。

3. 肌理涂料

肌理涂料又称肌理漆、马来漆、艺术涂料。肌理涂料造型柔和、立体效果明显,配合不同的罩面漆,可以有丰富的表现力(如图 7-4-10)。家居装修中,肌理涂料所形成的视觉肌理与触觉肌理效果独特,可逼真地表现布料、皮革、纤维、陶瓷砖、木材、金属等装饰材料的肌理效果。肌理涂料主要用于电视背景墙、沙发背景墙、床头背景墙等墙面装饰(如图 7-4-11)。

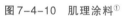

图 7-4-10　肌理涂料[1]

图 7-4-11　肌理涂料墙面居室[2]

七、练一练

1. 制作完成儿童房材料分析表。

2. 了解地中海风格常用的装饰手法以及施工工艺。

任务五　儿童房装修预算

一、任务描述

1. 此次任务要求学生以小组为单位,在熟悉各装饰材料属性的基础上,了解做装修预算的步骤,并学会编制装修预算表(表 7-5-1),完成装修预算。

---

[1] 肌理涂料.https://baike.baidu.com/pic/%E8%82%8C%E7%90%86%E6%B6%82%E6%96%99/10510209。

[2] 肌理涂料墙面居室.2016-12-22,https://www.to8to.com/yezhu/z95907.html/。

2. 教师检验,讲解在编制预算表中的注意事项。

表7-5-1　儿童房装修预算表

项目七:地中海儿童房										
序号	项目名称	单位	数量	主材	辅材	人工	损耗	单价	金额(元)	工艺做法及材料说明
1										
2										
3										
4										
5										
6										
总金额										

二、任务目标

1. 学生能正确掌握装修预算的步骤。

2. 学生能运用主材、辅材、损耗等数据,完成装修预算表。

3. 组内成员相互帮助,锻炼团队合作和协调沟通能力。

三、任务学时安排

4课时

四、任务基本程序

1. 分组。按班级学生的能力和特长进行合理分组,每组4～5人,并推选一人担任组长。

2. 明确本次任务的要求。在充分了解和分析本次任务要求的基础上,各小组组内合理分工,进行市场调研和分析。

3. 组内制作完成儿童房装修材料预算表。

4. 汇报展示。教师检验,提出问题及建议。

五、任务评价

完成任务后,请结合任务的完成情况进行评价,并填写任务评价表(表7-5-2)。

表7-5-2　任务评价表

(单位:分)

评分内容	评价关键点	分值	自评分	小组互评	教师评分
装饰材料相关资料搜集情况	1. 能正确区分儿童房相关装修材料(主材/辅材)	10			
	2. 能正确填写儿童房相关装修材料规格及价格	15			
	3. 各项目人工费及材料损耗量(清楚损耗原因)计算准确	25			
装修预算表完成情况	1. 装修预算表格式正确	10			
	2. 装修预算表各数据填写准确	20			
	3. 合理完成预算	10			
合计		100			

六、知识链接

(一)确定选材

根据任务四的分析,我们可以确定儿童房选材。在这里我们还要加上任务四中没有列举的门套、木门、踢脚板、窗帘盒等材料,从而确定儿童房的所有材料(见表7-5-3)。

表7-5-3　儿童房材料表

项目七:地中海儿童房		
区域划分	简介	材料
地面	实木地板铺设	木龙骨
		毛地板
		实木地板
顶面	石膏板异形造型吊顶	木龙骨
		石膏板
		顶面腻子
		顶面乳胶漆
墙面	图案墙纸＋护墙板	护墙板
		墙纸

(二)填写项目名称

将确定的材料填入项目名称,根据材料特点填写单位(如表7-5-4)。

表7-5-4　儿童房材料预算步骤表Ⅰ

项目七:地中海儿童房										
序号	项目名称	单位	数量	主材	辅材	人工	损耗	单价	金额(元)	工艺做法及材料说明
1	实木地板	m²								
2	石膏板异形吊顶	m²								
3	顶面乳胶漆	m²								
4	环保墙纸	m²								
5	护墙板	m²								
6	实木拱门	扇								
7	门套	m								
8	成品踢脚板	m								

续　表

序号	项目名称	单位	数量	主材	辅材	人工	损耗	单价	金额（元）	工艺做法及材料说明
项目七：地中海儿童房										
9	木制窗帘盒	m								
10	衣柜/书柜	m²								
	总金额									

（三）确定价格

我们可以通过查阅资料或市场调研得到实木地板、护墙板等所有材料的价格和人工费用。同时，我们还需要明确损耗范围，填写完成数量、主材、辅材、人工和损耗部分（如表7-5-5）。

表7-5-5　儿童房材料预算步骤表Ⅱ

序号	项目名称	单位	数量	主材	辅材	人工	损耗	单价	金额（元）	工艺做法及材料说明
项目七：地中海儿童房										
1	实木地板	m²		500	60	30	5%			
2	石膏板异形吊顶	m²		50	21	40	7%			
3	顶面乳胶漆	m²		6	1	8.5	5%			
4	环保墙纸	m²		105	5	25	5%			
5	护墙板	m²		800	15	50	5%			
6	实木拱门	扇								
7	门套	m		52	7	15	5%			
8	成品踢脚板	m		15	1.5	5.5	5%			
9	木制窗帘盒	m		13	5	10	5%			
10	衣柜/书柜	m²		1000	10	50				
总金额										

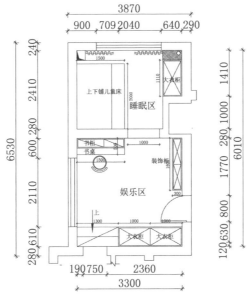

图 7-5-1　儿童房平面图

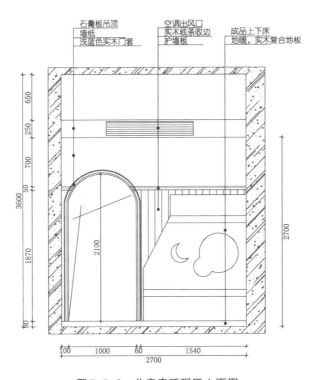

图 7-5-2　儿童房睡眠区立面图

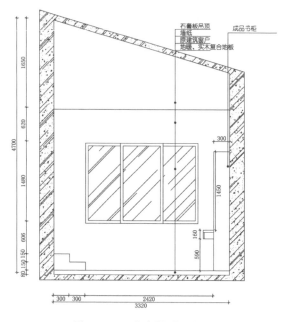

图7-5-3　儿童娱乐区立面图

(四)计算

根据平面图和立面图(图7-5-1～图7-5-3),可计算得出相关部分的面积、长度等数据。由于儿童房由娱乐区和睡眠区两个部分组成,计算需要更加仔细,墙面也有护墙板部分和贴墙纸部分,需要分开计算。通过计算我们得到地面面积和顶面面积为15.7m²,除去吊顶和地面后的层高为2.7m,除去门和窗的面积得到护墙板部分墙面面积为31.6m²,贴墙纸部分的墙面面积为11.8m²。

单价＝主材＋辅材＋人工＋(主材×损耗);金额＝单价×数量

以墙面护墙板为例,单价＝800＋15＋50＋(800×5%)＝905(元/m²);金额＝905×31.6＝28598元。

按照以上公式我们便可计算得出各项金额,并加总求得总价。如有需要再在最后一列加上工艺做法及材料说明,这样便基本完成了儿童房的装修材料预算表(如表7-5-6)。

表7-5-6　儿童房装饰材料预算表

项目七:地中海儿童房										
序号	项目名称	单位	数量	主材	辅材	人工	损耗	单价	金额(元)	工艺做法及材料说明
1	实木地板	m²	15.7	500	60	30	5%	615.0	9655.5	材料:木龙骨、毛地板、辅料等 工艺流程:地面清理找平,打龙骨,铺设毛地板,铺设实木地板。
2	石膏板异形吊顶	m²	15.7	50	21	40	7%	114.5	1797.7	材料:木龙骨、拉发基石膏板、防火涂料、辅料(注:特殊造型价格略高)
3	顶面乳胶漆	m²	15.7	6	1	8.5	5%	15.8	248.1	工艺流程:刷防火涂料,找水平,钢膨胀固定,300*300龙骨格栅,封板
4	环保墙纸	m²	11.8	105	5	25	5%	140.3	1655.0	工艺流程:墙面刮腻子,找平处理,刷底漆,画垂线,剪裁,闷水,调胶,粘贴
5	护墙板	m²	31.6	800	15	50	5%	905.0	28598.0	整体定制
6	实木拱门	扇	1					2500.0	2500.0	工艺流程:木工板基层,封装饰面板,实木线条收边,门扇安装,锁具安装,门吸安装,高级油漆工艺
7	门套	m	5.2	52	7	15	5%	76.6	398.3	
8	成品踢脚板	m	21.05	15	1.5	5.5	5%	22.8	478.9	地板配套实木踢脚板
9	木制窗帘盒	m	4.6	13	5	10	5%	28.7	131.8	木工板立架,实木线封口
10	衣柜/书柜	m²	16.7	1000	10	50		1060.0	17702.0	整体定制
总金额					45463.2					

七、练一练

1. 制作完成儿童房项目装修预算表。

2. 了解异形吊顶和普通造型吊顶工艺上的区别,请讲讲施工流程。

项目八

日式书房设计

🌱 **项目导读**

户主周先生家共110m²,一家三口,育有一女,装修预算在28万元左右(如图8-0-1、如8-0-2)。

周先生喜欢日本文化,希望居室的装修能选择日式风格。家具选材方面,他希望采用天然材料,以确保其环保性和耐久性。希望居室整体色调偏暖,软装布置突出日式风格。

周先生平日里有阅读和收藏书籍的习惯,故书房内需有大量储存空间。因先生职业的特殊性,经常要工作到半夜,为了不影响妻儿休息,他希望在书房里放置一张可拆装的床。另应夫人要求,希望有母女互动的娱乐场所,活动区域可采用榻榻米的形式。另外,室内要求增设绿植,以保持清新空气。

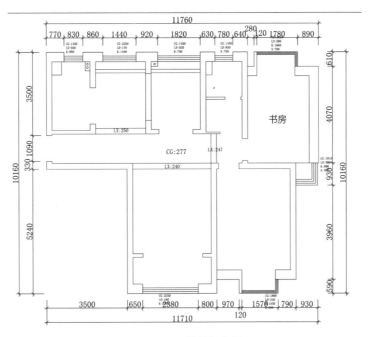

图8-0-1 原始框架图

项目实施

任务一 探究活动:"一衣带水的日本"

一、任务描述

1. 说一说。学生以小组为单位,课前通过网络、书籍等渠道了解中华文化对日本产生的影响,选择一个例子进行详细介绍。

2. 议一议。学生以小组为单位,课前通过网络、书籍等渠道了解日本自然地理环境对日式家居设计产生的影响。

3. 思一思。历史上中华文化对东南亚文明的发展产生了很大的辐射作用,但是近年来中国的传统文化频频被其他国家"申遗",请针对这一现象,思考我们应该如何守护、传承并发扬中国传统文化。

二、任务目标

1. 学生通过了解中华文化对日本产生的影响,感受中日两国的历史文化渊源。

2. 学生通过探索日本自然地理环境对日式家居设计的影响,了解日式家居设计渊源。

3. 学生通过对问题的思考,形成保护、继承和发扬中国传统文化的意识。

三、任务学时安排

1课时

四、任务基本程序

1. 分组。按班级学生的能力和特长进行合理分组,每组4~5人,并推选一人担任组长。

2. 明确本次任务的要求。在充分了解和分析本次任务要求的基础上,各小组内合理分工,搜集、查阅相关资料。

3. 课上介绍、讨论、分享。

五、任务评价

完成任务后,请结合任务的完成情况进行评价,并填写任务评价表(表8-1-1)。

表8-1-1　任务评价表

(单位:分)

评分内容	评价关键点	分值	自评分	小组互评	教师评分
"说一说"	1. 介绍案例能准确体现中华文化对日本的影响	20			
	2. 介绍内容丰富详实、讲述清晰	20			
"议一议"	发言内容切题、言之有物	20			
"思一思"	1. 思考有深度、有自己的见解	20			
"思一思"	2. 能提出相应的措施保护、继承和发扬中国传统文化	20			
合计		100			

六、知识链接

(一)中华文化对日本的影响

日本文化中包含了太多的中国因素,如宗教、道德、艺术等等。这些都是日本对中国文化源源不断吸收的产物。日本建国之初,不仅借用了中国的汉字,而且引进了当时唐朝几乎所有政治、经济、法律以及文化典章制度,还把汉诗和文章作为做官的必要条件。江户幕府时代,日本将儒学作为日本的核心价值观,而且这种做法延至到了明治时期,可以说,中华文化深入到了日本生活的方方面面,对日本文化的形成和发展产生了不可估量的作用。

1. 中国汉字对日本文字的影响

据史志文献以及日本的考古发现,公元前1世纪,汉字就经由辽东、朝鲜传入日本的九州、福冈等地。汉字的小篆体和隶书体多以铭刻在铜镜上的形式传入日本,这些文字和铜镜上的其他图案一样,被日本人视为庄严、神圣、吉祥的象征符号。此后日本在仿制铜镜时,也开始仿制汉字铭文。吉备真备根据汉字的偏旁部首结构,发明了日本文字中的字母"片假名",被尊崇为日本的"国语之父"(如图8-1-1、图8-1-2)。

日本通过对汉字从功能到形态上彻底的改造,形成了自己的文字,这表明日本人不仅善于模仿外来文化,还会在吸收和融合的过程中进行加工和改造。

图8-1-1 中国汉字①   图8-1-2 日本文字②

2. 中国儒家思想对日本文化的影响

儒家学说不仅是中国传统文化的主体,而且对日本传统文化的形成和发展始终具有深刻的影响,特别是在日本资本主义思想产生之前。儒学传入日本大约在公元5世纪以前。据《古世纪》记载,由于百济的阿直岐向应神天皇的举荐,王仁成为最早来到日本的儒学者,他带来《论语》和《千字集》等儒学典籍,并且在日本传授儒家学说。继体天皇时期(507—531)曾要求百济国王定期向日本派遣五经博士,传授儒家思想,日本的儒家文化得到迅速发展(如图8-1-3)。圣德太子制定的"冠位十二阶"和"十七条宪法",主要体现了儒家思想,甚至所用的词汇和资料亦大多取自儒家典籍。在日本历史上具有划时代意义的大化革新,也是在儒家思想的深刻影响下发生的。但是,日本人对于中国儒家思想的吸收也是有选择性的,他们在学习和吸收儒学的过程中形成了日本的儒学。本尼迪克特在

---

① 中国汉字 .http://control.blog.sina.com.cn/myblog/htmlsource/blog_notopen.php?uid=116766878 2&version=7&x。

② 日本文字 .https://www.fotosearch.cn/CSP874/k32140798/。

《菊与刀》中曾说:在中国儒学中,"仁"成为驾临在一切之上的德。而在日本,"仁"被彻底排斥在日本的伦理体系之外;在中国儒学中"忠"是有条件的,而在日本,对主君的"忠"是对天皇无条件的遵从。日本化了的儒学,作为一种社会意识形态,对于日本民族和社会的影响巨大而深远。这种影响不可避免地延续到日本历史发展的全过程。直至明治维新,日本政府开始接受与儒家文化特点相异的西方近代资本主义文化时起,儒家文化便注定开始了与以往任何历史阶段所不同的特殊地位,并开始发挥其在日本近代历史中更加独特的作用(如图 8-1-4)。

图 8-1-3　儒家私塾① 　　　　　　　　图 8-1-4　日本道场

3. 中国汉服对日本和服的影响

718 年,日本遣唐使团来到中国,受到唐朝皇帝的接见,获赠了大量朝服。这批服饰光彩夺目,在日本大受欢迎,当时日本朝中的文武百官均羡慕不已。次年,天皇下令,日本举国上下要穿模仿隋唐式样的服装(如图 8-1-5)。

到了 14 世纪的室町时代,按照日本的传统习惯和审美情趣,带有隋唐服装特色的服装逐渐演变并最终定型,在其后 600 多年中再没有较大的变动。腰包则是日本妇女受到基督教传教士穿长袍系腰带的影响而创造出来的,开始腰包在前面,后来移到了后面。在 1868 年明治维新以前,日本人都穿和服(如图 8-1-6),但在明治维新之后,上层社会中的男士开始流行穿西服,也就是俗称的"洋服"。

① 儒家私塾。http://mooc1.chaoxing.com/course/201803585.html。

图 8-1-5　中国汉服① 　　　　　图 8-1-6　日本和服②

4. 中国建筑对日本的影响

日本建筑深受中国建筑的影响。在与自己固有文化相融合后,日本形成了"和样建筑"和"唐样建筑"。同时在居住建筑中逐渐形成了"寝殿造""书院造"等一些日本化的形制和"草庵风茶室""数寄室"等具有浓厚日本格调的建筑类型。明治维新之后,西洋文化尤其是西洋生活方式的影响力逐步扩大,日本的日常家庭生活中出现了"日式"和"洋式"并存的"二重生活"(如椅子座式和席地座式并存),也开始以采光、通风和换气等科学方式来设计住宅。

(二)日本的自然地理环境影响下的设计风格

日本位于亚洲东部,是一个四面临海的岛国。它的国土自东北向西南呈弧状延伸,其东部和南部为一望无际的太平洋,西临日本海、东海,北接鄂霍次克海,隔海分别和朝鲜、中国、俄罗斯、菲律宾等国相望。

日本境内多山,山地呈脊状分布于日本的中央。山地和丘陵占日本总面积的 71%,森林覆盖率居于世界前列,但是居住面积相对较少。受土地资源的限制,日本住宅不可能像美国、加拿大那样分布得十分离散。为了保持居住环境,拥有新鲜的空气,日本居民都自觉地维护着良好的居住环境。现代的日本住宅设计中渗透了这种文化意识,通过对烟尘污染的控制、绿化植被的营造,设置宽大的门窗、隔扇,采取简洁的室内陈设布置,有效地提高了空气质量及其流通

---

① 中国汉服.2019-02-16,https://class.duitang.com/blog/?id=1061269490。

② 日本和服.https://huaban.com/pins/952025473/。

性能。

　　由于地处亚欧板块与太平洋板块的交界处,日本国内多火山和地震。对日本来说,木料无疑是最安全的选择,所以日本以柔性抗震建筑结构为主要建筑体系。日本人的木装修做工精致、线条简洁、颇具原木风格,这种风格不但与中国传统建筑中鲜艳夺目的彩绘、精雕细刻的饰品具有较大的反差,同时,也不像欧美古典装修那样繁杂、豪华,它讲究的是与室内小空间流动合一,给人亲切、高雅的感觉。

　　日本国土狭长,四季气候分明,为了使居室融入自然,日本人在现代住宅设计中注意根据地方气候、风土来安排居室布局,使住宅空间努力追随自然的阳光和风,把室外的景物纳入视野之内。或者通过种种人工手法,建造充满着自然情趣的庭院。人们身居室内,亦可饱览自然界的变化,感觉自然生命力的脉搏,从中体会人生的意义。

七、练一练

　　1. 请讲一讲中国对日本历史发展的影响,并找出中式家居设计风格与日本家居设计风格的不同之处。

任务二　测量、绘制——书房家具与人体的关系

一、任务描述

　　1. 此次任务要求学生以小组为单位,通过查阅资料、测量书房中主要家具的尺寸与人体相关联的尺寸,填写完成书房家具分析表(表8-2-1),由此分析书房家具与人体之间的关系。

　　2. 通过调查、分析,各小组绘制完成书房主要家具的三视图及主要家具尺寸与人体尺寸之间的关系图(见表8-2-1),选派代表进行展示说明。

　　3. 教师点评,讲解书房主要家具与人体尺寸之间的关系。

二、任务目标

　　1. 学生通过多种渠道的查阅和分析,能说出书房主要家具与人体尺寸之间的关系。

2. 学生能准确说出书房主要家具的尺寸并绘制相应图纸。

3. 培养学生的团队协作能力和表达能力。

三、任务学时安排

2课时

四、任务基本程序

1. 分组。按班级学生的能力和特长进行合理分组,每组4~5人,并推选一人担任组长。

2. 明确本次任务的要求。在充分了解和分析本次任务要求的基础上,各小组组内合理分工,搜集、查阅相关资料,并完成本次任务初稿。

3. 完成作业内容。搜集资料进行汇总和分析,填写表8-2-1。

表8-2-1 书房家具分析表

家具类型	家具数值	相关人体数值	具体数值	绘制
书桌	宽(例)	人坐下时手肘活动范围	1500mm	三视图
	深			
	高			
书柜	宽			三视图
	深			
	高			
家具尺寸与人体尺寸间的关系	书桌与人体的尺寸关系			关系图
	书柜与人体的尺寸关系			关系图

4. 展示交流。各小组在课堂上共同展示交流此次调查结果,互相查漏补缺、协作学习。

五、任务评价

完成任务后,请结合任务的完成情况进行评价,并填写任务评价表(表8-2-2)。

表 8-2-2　任务评价表

(单位:分)

评分内容	评价关键点	分值	自评分	小组互评	教师评分
作业内容	1. 完成并正确填写表格中的内容	20			
	2. 三视图绘制完整	20			
	3. 三视图尺寸标注正确、符合标准	20			
	4. 家具尺寸与人体尺寸之间的关系分析到位	20			
作业展示	1. 三视图绘制清晰、精美	10			
	2. 展示代表仪态大方、表述清晰	10			
合计		100			

六、知识链接

(一)书房中的主要家具尺寸

书房又称家庭工作室,是阅读、学习、研究、工作的空间。只有书房环境是安静的,人在其中才不会心浮气躁。因此,书房的设计从陈列到规划、从色调到材质,都需要体现雅静的特征(如图 8-2-1)。书房布置需保持相对的独立性,特别是对美术、音乐、写作、设计等专业人士来说,应以最大程度方便其进行工作为设计出发点(如图 8-2-2)。

图 8-2-1　日式书房[①]

图 8-2-2　书房家居动线图

---

① 司狐祭:日式书房 2017-07-03,https://huaban.com/pins/1213489699/。

书房的主要家具包括书桌椅、书柜等,也有家庭会在书房中配置榻榻米,兼具了休息与收纳的功能。

1. 常见书桌椅的尺寸

一般书桌宽度和深度比例为2:1。书桌的宽度一般在1500～1800mm为最佳,深度在650～800mm(如图8-2-3)。如果书房空间较小,也可以适当缩小书桌的尺寸。书桌的高度一般在700～760mm,椅子与书桌的高度差应控制在280～320mm(如图8-2-4、图8-2-5)。

图8-2-3 日式书桌椅①

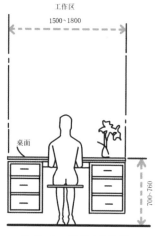

8-2-4 书桌立面图②

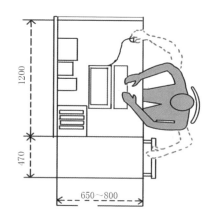

8-2-5 书桌平面图③

---

① Seven:日式书桌椅,2015-12-16,https://huaban.com/pins/556015583/。
② 理想·宅:《设计必修课·室内设计与人体工程学》,化学工业出版社2019年版。
③ 理想·宅:《设计必修课·室内设计与人体工程学》,化学工业出版社2019年版。

2. 常见书柜的尺寸

书柜的高度一般在2200mm,超越此高度一般需要用梯子辅助运用。由于书柜的设计主要是为了满足收纳书籍的需求,因此书柜的深度以书籍的尺寸为标准,一般在300mm左右。书柜格位的高度至少为300mm,有收纳音像光盘的需求则相应的格位高度只需150mm即可。如还有特殊的需求,则可视不同书籍的尺寸而定。书柜宽度一般视书房的面积来定(如图8-2-6)。

图8-2-6　日式书柜①

现在的书房常常会设计榻榻米,榻榻米既可以作为休息区域,又可以作为储物空间。传统榻榻米的尺寸较为固定,长为1800mm,宽为900mm,高度为50mm,也可根据客户需求和书房实际面积个性化设计榻榻米的尺寸。

(二)书房家具与人体的尺寸关系

1. 书桌椅与人体的尺寸关系

书桌上方常常设计了吊柜,便于收纳日常用品。一般来说,吊柜底部至少距离桌面380mm,以防出现磕碰,也不会阻挡使用者的视线。吊柜本身的高度在635～780mm,最上层的层板需保持在1345～1470mm,深度在305mm左右。带吊柜的书桌,深度可以适当增加,深度范围在760～915mm,这样的深度能保证人坐在桌前椅上时可以拿到吊柜上层的物品,同时也需要为椅子预留760～910mm的活动距离(如图8-2-7)。

现代家庭中,大部分书房都配有电脑,长期使用电脑容易造成颈椎问题,因此合理的书桌椅比例就显得更为重要。一般配备电脑的书桌宽度在1200mm以

---

① Cesare Arosio:日式书柜。https://www.archiproducts.com/zh/产品/pacini-cappellini/书柜-marila_405724。

上,才能满足人在操作电脑时对空间的需求。由于桌下还需放置文具等杂物,可以设计470mm左右宽度的抽屉作为收纳空间。

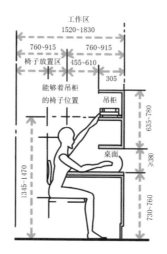

图6-2-7　书桌椅、吊柜尺寸[1]

书桌的高度一般在740mm左右,椅子高度在470mm左右,靠背的高度至少为700mm,这样才能保证人的坐姿端正。电脑屏幕一般在人的视平线向下10°~25°,人眼距离屏幕要保持在400~700mm,这样既能看清屏幕内容,又能保护眼睛(如图6-2-8)。

6-2-8　带电脑书桌椅尺寸[2]

---

[1] 理想·宅:《设计必修课·室内设计与人体工程学》,化学工业出版社2019年版。
[2] 理想·宅:《设计必修课·室内设计与人体工程学》,化学工业出版社2019年版。

2. 书柜与人体的尺寸关系

书柜的搁板尺寸一般与书籍的尺寸相关。但搁板的最大高度与使用者的身高有关,一般男性使用的搁板高度需小于1830mm,女性使用的搁板高度需小于1750mm。

书柜如果配备有橱柜,则橱柜的高度在710~760mm,深度一般在450~610mm,用以放置一些较大的物品。如果书柜放置在书桌附近,则与书桌的距离需保持在580~730mm,为使用者在书桌工作留下充足的活动距离(如图6-2-9)。

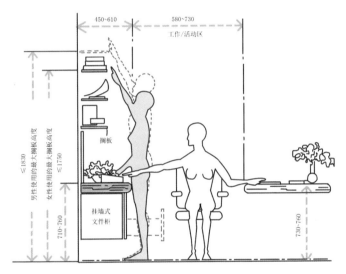

图6-2-9　书柜与书桌椅尺寸关系①

七、练一练

1. 结合所学知识,为自己家的书房设计一个符合需求的书桌。

2. 运用所学知识,为导读中的这对夫妇规划书房内主要家具的尺寸及家具布局。

---

① 理想·宅:《设计必修课·室内设计与人体工程学》,化学工业出版社2019年版。

任务三　绘制书房平面布置图、立面图

一、任务描述

1. 此次任务要求学生以小组为单位,分析项目原始框架图,依据书房设计的功能要求,结合业主设计需求,对案例户型的书房区域进行合理的布局设计。

2. 要求在确定书房布局设计方案的基础上,小组分工绘制书房平面布置图,并选取一个立面绘制一张书房的立面图。各小组展示,说明设计思路,分享设计方案。

3. 教师点评,讲解书房布局设计与绘制相关图纸的注意事项。

二、任务目标

1. 学生能理解书房的概念,能灵活运用书房设计的功能分区、书房设计要点等知识,对书房进行合理布局设计。

2. 学生所绘制的平面布置图与立面图数据合理,既符合人体工程学要求,又能符合业主需求。

3. 在学生展示过程中,学生能运用专业术语准确表达方案。

4. 通过项目任务提高学生分析问题的能力,培养学生团结协作精神,让学生互相帮助、共同完成任务。

三、任务学时安排

4课时

四、任务基本程序

1. 分组。按班级学生的能力和特长进行合理分组,每组4~5人,并推选一人担任组长。

2. 明确本次任务的要求。在充分了解和分析本次任务要求的基础上,各小组组内合理分工,搜集、查阅相关资料,并完成本次任务初稿。

3. 绘制图纸。各小组确定书房布局设计方案,绘制相应图纸。

4. 展示交流。各小组在课堂上展示交流设计思路与设计方案,互相查漏补

缺、协作学习。

五、任务评价

完成任务后,请结合任务的完成情况进行评价,并填写任务评价表(表8-3-1)。

表8-3-1　任务评价表

(单位:分)

评分内容	评价关键点	分值	自评分	小组互评	教师评分
书房布局设计方案	1. 书房空间布局合理	20			
	2. 能结合人体工学知识合理布置家具	20			
	3. 设计风格和设计方案符合业主要求	10			
图纸绘制	1. 视图的投影关系准确	10			
	2. 尺寸标注准确,文字标注完整	10			
	3. 图纸能正确表达设计方案	30			
合计		100			

六、知识链接

(一)书房的概念

书房又称家庭工作室,是作为阅读、书写以及学习、研究、工作的空间。对从事文教、科技、艺术工作者来说,书房是必备的活动空间。书房是人们结束一天工作之后,再次回到办公环境的一个场所。因此,它既是办公室的延伸,又是家庭生活的一部分。书房的双重性使其在家庭环境中处于一种独特的地位。

(二)书房的功能分区

书房的布置形式与使用者的职业有关,不同职业工作的方式和习惯差异很大。不过无论是什么形式和规格,书房都可以划分出藏书区、工作区两大部分,其中工作区是书房空间的主体,应给予重点处理,另外与藏书区要联系方便。

1. 藏书区

藏书区包括书架、文件柜、博古架、保险柜等家具。其尺寸及大小,以适宜及使用方便为参照来设计选择(如图 8-3-1)。

图 8-3-1　藏书区域[①]

图 8-3-2　阅读工作台面[②]

2. 工作区

工作区包括写字台、电脑桌、操作台、绘画工作台、工作椅等家具。在此工作区域,所有东西要保证方便拿放(如图 8-3-2)。

(三)书房的设计要点

书房虽是一个工作空间,但并不等同于工作室,它需要与整个家居风格及气氛相匹配。同时,书房也要运用隔音、照明、材质、色彩以及绿化等手段,创造出温馨的工作环境。在家具布置上,书房可根据使用者的工作习惯来布置家具、设施及艺术品,以此体现主人的情趣与个性。

1. 隔音效果

对书房来说,"静"是十分重要的,因为业主只有在安静的环境中才能提高工作效率,所以在装修时要选用隔音、吸音效果好的材料。可采用吸音石膏板吊顶、PVC 吸音板或软包装饰布等装饰墙面,地面也可采用具有吸音作用的地毯,窗帘可选择较厚的材料以阻隔噪音。

2. 照明采光

作为书写阅读的场所,书房对照明和采光的要求很高,所以书写台最好放在阳光充足但不直射的窗边。书房内必须设有台灯和书柜用射灯,便于主人阅读

---

① 藏书区域.http://www.meilele.com/img/tu-4007/。
② 高效工作台布置案例.2014-05-21,http://news.lfang.com/homehouse/14/0521/3098/2014015
　4621.html#p=1/。

和工作,但光线不宜离人太近,以免强光刺眼(如图8-3-3)。

图8-3-3 书房照明与采光①

3. 色彩

书房的色彩不宜过于昏暗,也不宜过于耀目,应当采用较为柔和的色调装饰,淡绿、米白、浅灰等柔和的色调较为适合(如图8-3-4)。

图8-3-4 书房色彩②

4. 通风

由于电脑等电子设备常令空气污浊不堪,如果房间内空气对流不顺畅,电子设备不能很好散热,使用者的身体健康就会受到威胁。当然,也可在书房摆放绿色植物以净化空气。

---

① 书房照明与采光.2017-09-09,https://www.bzw315.com/baike/23146.html/。
② 书房色彩.2017-07-03,https://huaban.com/pins/1213489699/。

5. 内部摆设

作为修心养性的空间,只有清新淡雅又不乏个性的高品质装修,才适宜人们长时间的学习工作。书房的设计要尽可能的"雅",要把情趣充分融入到装饰中去,一件艺术收藏品、几幅主人钟爱的照片、几个古朴的手工艺品,都能为书房增添几分雅致(如图 8-3-5)。

图 8-3-5 书房内部摆设[1]

(四)书房布局设计

本案为 110m² 的平层,书房空间明确(即红线框内区域),面积约为 9.8m²(图 8-3-6)。

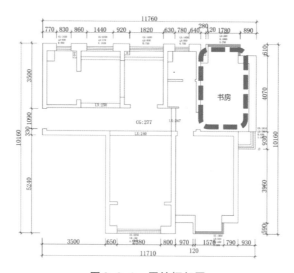

图 8-3-6 原始框架图

---

[1] 书房内部摆设.2017-06-30,https://www.tuozhe8.com/thread-1286123-1-1.html。

1. 绘制书房平面布置图

本案的书房面积适中,因男主人经常需要工作到深夜,我们在书房内设置了一块1520*2060mm的榻榻米作为休息区域,可供业主临时休息,平时也可供妻儿娱乐休闲使用。再按业主需要容量较大的书柜的要求,我们在榻榻米一侧设置一面进深为490mm的书柜,为业主提供了充足的储存空间。另外我们在榻榻米外侧设置了1400mm的书桌供业主学习办公使用(如图8-3-7)。

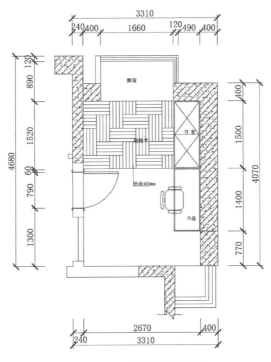

图8-3-7 书房平面布置图

2. 绘制书房立面图

这套户型的原始层高为2720mm,吊顶高度为320mm,地面铺装高度为50mm,剩下的层高为2350mm(如图8-3-8)。我们可以采用简单造型的吊顶以强调日式氛围。榻榻米的高度为500mm,一侧书柜从榻榻米做至吊顶。柜体和榻榻米均采用天然原木木材,书柜门可采用木格拉门,窗户可简洁透光,体现浓郁的日式风格,给人宽敞明亮的感觉。右侧书桌的高度为790mm,符合人体工程学要求。日式风格一般采用清晰的线条,居室布置优雅、简洁,因此墙面材质我们可以选择暖色乳胶漆。

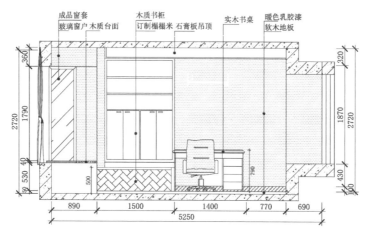

成品窗套　木质书柜　实木书桌　暖色乳胶漆
玻璃窗户木质台面　订制榻榻米 石膏板吊顶　软木地板

图 8-3-8　书房立面图

七、练一练

1. 请你以本案业主需求为例,为户主设计、绘制符合人体工程学知识的详细书柜布置图。

2. 书房区域中可以摆放哪些家具来满足书房的不同功能?

3. 在绘制书房平面布置图与立面图时需要注意哪些书房设计原则?

4. 尝试画一画书房的地面铺装图与顶棚装饰图。

任务四　制作书房装饰材料分析表

一、任务描述

1. 此次任务要求学生以小组为单位,根据任务三完成的平面布置图、立面图,结合客户需求,分析书房所需的装饰材料。

2. 各小组通过上网搜索、市场调研等方式,了解书房常见装饰材料的特性,采集书房常见装饰材料信息,比较同类型材料之间的优缺点,并制作完成材料分析表(表 8-4-1)。最后各小组确定选材,展示成果。

表8-4-1　日式风格书房材料分析表

区域分布	材料名称	吸水率	防滑性	光泽度	耐脏性	耐磨性	平整度	规格	价位	是否合适
书房地面	实木地板									
	多层实木复合地板									
	软木地板									
	毛地板									
书房顶面	材料名称	优点				缺点				是否合适
	全屋吊顶									
	木质板									
	石膏板									
书房墙面	材料名称	环保性		价格	普及率	施工难易	施工周期	对墙的保护	保养	是否合适
	乳胶漆									
	墙纸									
	墙衣									
	埃斯得板									
书房书柜	材料名称	主要基材	防水	耐磨	耐撞击	清洁难易	款式花色	封边形式	厚度	是否合适
	生态板									
	实木板									
	多层实木板									
	实木颗粒板									
	密度板-纤维板									
	细木工板									

续　表

	材料名称	强度	材质软硬	握钉力	环保性能	气味	密度	稳定性	价格	是否合适
书房榻榻米地台	杉木									
	橡木									
	樟子松									
	实木颗粒板									
	生态板									

3. 教师检验成果,点评,指出不足之处。

二、任务目标

1. 学生能依据平面布置图、立面图,结合书房常见材料的特性,确定书房各区域所需的装饰材料。

2. 通过制作书房材料分析表,学生能准确说出各材料之间的优缺点。

3. 通过小组合作,互帮互助,共同完成任务,培养学生团结协作精神。

三、任务学时安排

4课时

四、任务基本程序

1. 分组。按班级学生的能力和特长进行合理分组,每组4~5人,并推选一人担任组长。

2. 明确本次任务的要求。在充分了解和分析本次任务要求的基础上,各小组内合理分工,搜集、查阅相关资料,完成材料信息采集。

3. 分析各装饰材料属性、功能、价格等优缺点,与同类型材料作比较,完成制作材料分析表,得出结论。

4. 汇报展示。各小组在课堂上汇报所搜集的材料,展示分析成果。

五、任务评价

完成任务后,请结合任务的完成情况进行评价,并填写任务评价表(表8-4-2)。

表8-4-2　任务评价表

(单位:分)

评分内容	评价关键点	分值	自评分	小组互评	教师评分
装饰材料相关资料搜集情况	1. 得出书房装饰材料区块分布	15			
	2. 完整列出书房各区块所需材料清单(需了解施工工艺)	35			
材料数据比较表格完成情况	1. 准确完成各装饰材料属性分析	20			
	2. 数据比对正确,制成材料分析表	20			
	3. 选材结论分析合理	10			
合 计		100			

六、知识链接

(一)书房地面

在日式风格中,木地板是其地面的主要材料。和木地板相比,虽然瓷砖有很多优点,但是日本的房屋更喜欢使用木质材料,这与他们所处的环境有关。木质结构可以避免地震时造成人员伤亡,而且日本人有进屋脱鞋、赤脚在家行走的习惯,长期踩在木地板上不会对人体造成伤害。

1. 实木地板

实木地板又称原木地板(如图8-4-1),是天然木材经烘干、加工后形成的地面装饰材料,具有木材自然生长的纹理,是热的不良导体,能起到冬暖夏凉的作用。它脚感舒适、使用安全。实木地板因材质不同,其硬度、色泽、纹理都不尽相同。铺设前需做好防潮措施,尤其在潮湿的环境下。拼接方式有榫接、平接、镶嵌等,其中以榫接最为常见。

2. 多层实木复合地板

多层实木复合地板(如图8-4-2)以纵横交错排列的多层板为基材,以优质珍贵木材为面板,经涂树脂胶后在热压机中通过高温高压制作而成。它是日本人在三层实木地板的基础上开发研制的,价格介于实木地板和复合地板之间。其特点是:可以调节环境,调节温湿;自然视觉感强,纹理自然,富于变化;脚感舒适,弹性适中;易加工,可循环利用;结构合理,适合地热;稳定性强,抵消变形;施工简便,悬浮铺装简单快捷;环保性能好;保温、隔热、隔音。它是未来木地板的发展趋势。

3. 软木地板

软木主要生长于地中海沿岸及同纬度的我国秦岭地区。软木地板(如图8-4-3)在木地板中位于较高的级别,被称为地板的"金字塔尖上的消费"。软木地板有粘贴式和锁扣式两种,与实木地板相比,它具有更好的环保性能和隔音防潮效果,脚感也非常舒适。软木地板的密度有三级($400 \sim 450 kg/m^3$,$450 \sim 500 kg/m^3$,大于$500 kg/m^3$),家庭一般选用$400 \sim 450 kg/m^3$,密度越小,其具有的弹性、保温、吸声等性能越好。

4. 毛地板

毛地板是在多层实木地板悬浮铺设的时候所需用到的夹芯板,铺设在龙骨之上,还没有刷油漆是为了避免由于毛细管作用而引起的潮气上升。规格一般为2440*1220*(12 ~ 18)mm的优质多层胶合板,甲醛释放量不大于1.5mg/L。

图8-4-1 实木地板地面[1]

图8-4-2 多层实木复合地面[2]

① 实木地板地面.2020-03-07,http://www.qqma.com/fbnews/xwzx/hzt0qi0-106-5031549900.html。

② 多层实木复合地面.2019-04-26,http://www.sxjjzzs.com/index.php/portal/list/zsxq/id/1795.html。

图8-4-3　软木地板地面①

(二)书房顶面

日式风格的顶面以简约为主,通常有木质板(如图8-4-4)和石膏板(如图8-4-5)两种材料,在日本市场全屋吊顶制作较多。关于石膏板我们不多作介绍,我们来了解下全屋吊顶和木质板吊顶。

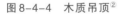

图8-4-4　木质吊顶②

图8-4-5　石膏板吊顶③

1. 全屋吊顶

吊顶是在混凝土顶棚安装膨胀螺栓后放入螺丝杆,然后在吊顶最下方按照龙骨,贴上石膏板后形成的顶棚。在2000年开始,日本实施的《住宅品质促进法》规定新住宅需要安装全屋吊顶,即买房前已经完成了吊顶部分。为了功能性的

---

① 软木地板地面.2015-07-12,http://www.xiujukoo.com/xgt/2015072147864.html。

② 木质吊顶.2016-10-19,https://www.tobosu.com/piczt/2766.html。

③ 石膏板吊顶.2020-03-06,http://www.xxcmw.com/shangxun/49ca_72221723.html。

考虑,顶面装有新风系统的通风管道、强弱电布线、室内隔热保温涂层、中央空调、换气扇等都不能裸露于外部,只能靠吊顶来遮盖。顶棚还会涂上发泡胶以起到保暖作用(如图8-4-6)。全封闭式吊顶四周无死角,石膏板贴两层,隔音效果得以增强很多,但其缺点也显而易见,日本房屋本身层高就比较低,吊完顶之后的实际高度可能低于2.4m,会显得更加压抑。

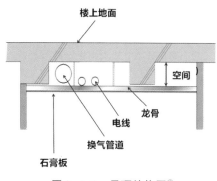

图8-4-6　吊顶结构图①

2. 木质板

木质板也叫胶合板,它由原木浆经过蒸煮软化,沿着年轮切成片,再经过干燥、涂胶等步骤制成。它材质轻、强度高、弹性好、有韧性,能抗冲击和抗震,但易变形、开裂,价格也较高。

(三)书房墙面

日式风格比较注重实用功能,整体设计风格和色调以简单大方为主,原木色、米色、白色是最常用的色彩。在日式风格中,白色乳胶漆的使用十分广泛,在装修时要尽量选择VOC(挥发性有机物)含量低、异味小的产品,或者选用环保实用的壁纸,因为其色调清新、污染小、美观好搭配。关于乳胶漆和墙纸的材料属性(如图8-4-7、图8-4-8),在前面章节我们已经进行了详细分析,这里就不再多作一介绍。在这里,我们选取几种不常用的材料来重点介绍下,看看会有什么效果。

1. 墙衣

墙衣在20世纪70年代诞生于日本、德国等发达国家,近几年在欧美各地十

---

① 吊顶结构图.2018-02-02,https://baijiahao.baidu.com/s?id=1591268097512430636&wfr=spider&for=pc。

分流行。它是一种既环保健康又独具特色的室内装饰材料,是继涂料、墙纸之后又一新型内墙装饰材料。墙衣以木质纤维及天然纤维为主要原料,经过特殊科学工艺加工而成,可营造出淳朴、时尚、典雅等视觉效果。它具有安全环保、保温隔热、吸音、节能高效、不开裂、不脱落、色彩个性化、具有浮雕质感等优点。

图 8-4-7　白色乳胶漆墙面① 　　　　图 8-4-8　墙纸墙面②

2. 埃斯得板

埃斯得板最早产自日本,是由一种灯芯草经过筛选、烘干、切割、排压等一系列工序加工所形成的板材(如图 8-4-9)。每块板材上的稻草粗细、长短、大小、颜色基本一致,同时还散发出一股干草味道。这种材料会让人想起童年时在草地玩要的情景,有回归自然的理念。埃斯得板不含甲醛、二甲苯等有害物质,是原生态的装饰材料。

(四)榻榻米地台

在本项目任务三的设计方案中,为日式书房设计了一个榻榻米地台。那么我们来了解一下榻榻米地台如何制作,需要哪些材料。榻榻米地台需要先做地面木质地台,高度为 15～40cm,若小于 30cm 一般不具备收纳功能(如图 8-4-10)。15cm 以下的地台一般用 3×4 的木龙骨做"井"字结构,上面用木工板或实木板铺面,榻榻米放在铺设面上。地台的材质有叉接板(实木)和细木工板(大芯板),也有较少用水泥垒砌的。如杉木、高档木工板、实木集成、青松、樟子松以及橡木等材料。

---

① 白色乳胶漆墙面.2020-03-02,http://www.99114.com/hyfl/hzt0qi0-20599-504222031.html。
② 墙纸墙面.2016-03-02,https://nanjing.home.fang.com/news/2016-03-02/19898797_all.htm。

1. 杉木

杉木是实木的一种,它价格便宜、材质疏松、强度小、气味大、握钉力差,在地热条件下不宜使用,因此不是在榻榻米的理想材料。

2. 橡木

橡木也不是做榻榻米的理想材料,其板材容易热胀冷缩,夏天地台盖膨胀不易打开,冬天会出现缝隙,容易开裂。

3. 樟子松

樟子松价位高、质地软、不耐划痕。

4. 实木颗粒板

实木颗粒板握钉力好、密度高,板内木质纤维颗粒较大,较多保留了天然木材的特点。它稳定性好、强度高、抗压性好。

5. 生态板

生态板板材可以回收再使用,不含甲醛、甲苯等有害物质,具有抗燃、防水、防虫、防霉等优点。它安装简便,无需喷漆,颜色经久不退。

图8-4-9　埃斯得板①

图8-4-10　榻榻米地台②

(五)书柜

在众多的书柜中,日式风格的较为常见。在选择书柜材料的时候,我们要选择结实耐用的木材。关于柜体材质及其属性,在玄关章节我们已做详细分析。可以采用原木色的实木书架,也可以做成顶天立地的开放式大书柜,都非常具有日系风格(如图8-4-11、图8-4-12)。

---

① 埃斯得板.2017-08-09,http://hz.dyrs.com.cn/story/201708/1019829。
② 榻榻米地台.2015-10-29,https://zt.pchouse.com.cn/131/1319933.html。

图 8-4-11　日式书柜(1)[①]

图 8-4-12　日式书柜(2)[②]

七、练一练

1. 制作完成书房材料分析表。
2. 详细介绍榻榻米地台的施工流程及工艺。

任务五　书房装修预算

一、任务描述

1. 此次任务要求学生以小组为单位,熟悉各装饰材料属性的基础上,了解做装修预算的步骤,并学会编制装修预算表(表8-5-1),完成装修预算表。

2. 教师检验,讲解在编制预算表中的注意事项。

表 8-5-1　书房装修预算表

项目八:日式书房									
序号	项目名称	单位	数量	主材	辅材	人工	损耗	单价	金额(元)	工艺做法及材料说明
1										

[①]　日式书柜(1).2018-11-05, https://baijiahao.baidu.com/s?id=1616262167440893902&wfr=spider&for=pc。

[②]　日式书柜(2).2018-11-05, https://baijiahao.baidu.com/s?id=1616262167440893902&wfr=spider&for=pc。

续 表

项目八:日式书房									
序号	项目名称	单位	数量	主材	辅材	人工	损耗	单价	金额(元)	工艺做法及材料说明
2										
3										
4										
5										
6										
	总金额									

二、任务目标

1. 学生能正确掌握做装修预算的步骤。

2. 学生能运用主材、辅材、损耗等数据,完成装修预算表。

3. 组内成员相互帮助,锻炼团队合作和协调沟通能力。

三、任务学时安排

4课时

四、任务基本程序

1. 分组。按班级学生的能力和特长进行合理分组,每组4~5人,并推选一人担任组长。

2. 明确本次任务的要求。在充分了解和分析本次任务要求的基础上,各小组组内合理分工,进行市场调研和分析。

3. 组内制作完成书房装修材料预算表。

4. 汇报展示。教师检验,提出问题及建议。

五、任务评价

完成任务后,请结合任务的完成情况进行评价,并填写任务评价表(表8-5-2)。

表8-5-2 任务评价表

（单位：分）

评分内容	评价关键点	分值	自评分	小组互评	教师评分
装饰材料相关资料搜集情况	1. 能正确区分书房相关装修材料（主材/辅材）	10			
	2. 能正确填写书房相关装修材料规格及价格	15			
	3. 各项目人工费及材料损耗量（清楚损耗原因）计算准确	25			
装修预算表完成情况	1. 装修预算表格式正确	10			
	2. 装修预算表各数据填写准确	20			
	3.合理完成预算	10			
合计		100			

六、知识链接

1. 确定选材

根据任务四的分析，我们可以确定书房的选材（见表8-5-3）。

表8-5-3 书房材料表

项目八：日式书房		
区域划分	简介	材料
地面	实木地板铺设	软木地板
顶面	石膏板平吊顶	木龙骨
		石膏板
		顶面腻子
		顶面乳胶漆
墙面	单彩色乳胶漆墙	墙面腻子
		墙面乳胶漆
书柜	实木书柜	实木板

2. 填写项目名称

表 8-5-3 内是已确定的装修部分材料,另外我们还需根据实际情况,完善书房其他用材。比如定制书柜、定制榻榻米地台、踢脚板、门套等,然后将确定的材料填入项目名称一栏,并根据材料特点填写单位(如表 8-5-4)。

表 8-5-4　书房材料预算步骤表 I

项目八:日式书房										
序号	项目名称	单位	数量	主材	辅材	人工	损耗	单价	金额(元)	工艺做法及材料说明
1	软木地板									
2	实木门									
3	门套									
4	石膏板吊顶									
5	顶面乳胶漆									
6	墙面有色乳胶漆									
7	书柜									
8	定制榻榻米地台									
9	实木踢脚板									
	总金额									

3. 确定价格

我们通过查阅资料或市场调研,可以得到软木地板等各材料的价格和人工费用,同时我们还需要明确损耗范围,填写完成数量、主材、辅材、人工和损耗部分(如表 8-5-5)。

表 8-5-5 书房材料预算步骤表 Ⅱ

序号	项目名称	单位	数量	主材	辅材	人工	损耗	单价	金额(元)	工艺做法及材料说明
				项目八:日式书房						
1	软木地板	m²		180	30	15	3%			
2	实木门	扇								
3	门套	m		52	7	15	5%			
4	石膏板吊顶	m²		28	21	40	5%			
5	顶面乳胶漆	m²		6	1	8.5	5%			
6	墙面有色乳胶漆	m²		10	3	9	5%			
7	书柜	m²		800		100				
8	定制榻榻米地台	m²		600		50				
9	实木踢脚板	m		15	1.5	5.5	5%			
	总金额									

4. 计算

根据平面图和立面图(图 8-5-1、图 8-5-2),可计算得出相关地面和顶面面积为 10.9m²,墙面面积为 23.3m²。同时,还可以根据平、立面测量计算得出顶角线、门套、书柜、榻榻米地台等的数据。接着,我们将表格内数量一栏完成,再计算单价、总价。

单价=主材+辅材+人工+(主材×损耗);金额=单价×数量

以软木地板为例,单价=180+30+15+(180×3%)=230.4(元/m²);金额=230.4×10.9=2511.36元。

按照以上公式我们便可计算得出各项金额,并加总求得总价。如有需要再在最后一列加上工艺做法及材料说明,这样便基本完成了书房的装修材料预算表(如表 8-5-6)。

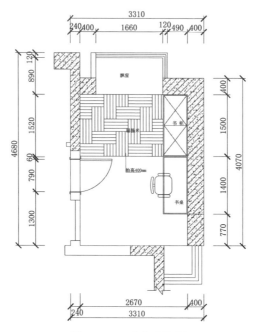

图 8-5-1　书房平面图

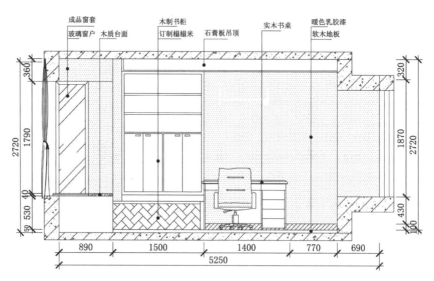

图 8-5-2　书房立面图

表8-5-6　书房装修材料预算表

项目八:日式书房									
序号	项目名称	单位	数量	主材	辅材	人工	损耗	单价	金额(元)	工艺做法及材料说明
1	软木地板	m²	10.9	180	30	15	3%	230.4	2511.36	材料:界面剂、自流地平水泥、保护液、德国产软木地板专用胶水 工艺流程:地面清理修补,自流平水泥搅拌、铺设、排气,涂胶安装,刷面漆和保护液(注:锁扣式铺设)
2	实木门	扇	1					1500	1500	工艺流程:木工板基层,封装饰面板,实木线条收边,门扇安装,锁具安装,门吸安装,高级油漆工艺
3	门套	m	4.79	52	7	15	5%	76.6	366.914	
4	石膏板吊顶	m²	10.9	28	21	40	5%	90.4	985.36	材料:木龙骨、拉发基石膏板、防火涂料、辅料 工艺流程:刷防火涂料,找水平,钢膨胀固定,300*300龙骨格栅,封板
5	顶面乳胶漆	m²	10.9	6	1	8.5	5%	15.8	172.22	
6	墙面有色乳胶漆	m²	23.3	10	3	9	5%	22.5	524.25	材料:立邦美加丽2代、石膏粉、色浆、乐山钢玉腻子、808胶水 工艺流程:清扫基层,刮腻子四遍,找平,找磨,专用底漆一遍,面漆两遍
7	书柜	m²	3	800		100		900	2700	材料:实木复合板 工艺流程:木工板基层,封装饰面板,实木线条收边,门扇安装,锁具安装,门吸安装,高级油漆工艺
8	定制榻榻米地台	m²	3.1	600		50		650	2015	成品定制
9	实木踢脚板	m	9.2	15	1.5	5.5	5%	22.75	209.3	地板配套实木踢脚板
	总金额								10984.404	

七、练一练

1. 制作完成书房装修材料预算表。

2. 请简要阐述日式榻榻米地台的安装流程。

3. 软木地板如何安装？跟安装实木地板的区别在哪里？